BERICHTE ÜBER DIE VERHANDLUNGEN DER SÄCHSISCHEN AKADEMIE DER WISSENSCHAFTEN ZU LEIPZIG

Mathematisch-naturwissenschaftliche Klasse
Band 100 Heft 8

UDO PIRL

POSITIVE LÖSUNGEN EINER NICHTLINEAREN INTEGRALGLEICHUNG

1953

AKADEMIE-VERLAG · BERLIN

Vorgelegt durch Herrn Hölder in der Sitzung vom 16. Februar 1953
Manuskript eingeliefert am 25. April 1953
Druckfertig erklärt am 20. November 1953

Erschienen im Akademie-Verlag GmbH., Berlin W 8, Mohrenstraße 39
Veröffentlicht unter der Lizenznummer 1217
des Amtes für Literatur u. Verlagswesen der Deutschen Demokratischen Republik
Satz und Druck der Buchdruckerei F. Mitzlaff, Rudolstadt V/14/7 — 451
Bestell- und Verlagsnummer 2027/100/8
Preis: DM 4,—
Printed in Germany

Einleitung[1]

In seiner Arbeit über algebraische Integralgleichungen[2] schafft Herr SCHMEIDLER einen neuen Zugang zur Behandlung einer Klasse von Integralgleichungen der Gestalt

$$\text{(A)} \qquad P[y] + K[y] = f(s)$$

mit

$$P[y] = y^m(s) + a_1(s)\, y^{m-1}(s) + \ldots + a_{m-1}(s)\, y(s)$$

und

$$K[y] = \sum_{a+a_1+\ldots+a_\nu \leqq n} \int_a^b \ldots \int_a^b K_{a a_1 \ldots a_\nu}(s; t_1, \ldots, t_\nu)\, y^a(s)\, y^{a_1}(t_1) \ldots \ldots y^{a_\nu}(t_\nu)\, dt_1 \ldots dt_\nu ,$$

die als Anwendungsbeispiele u. a. die Berechnung der Druckkraft, die eine Kugel beim Aufprallen auf einen beiderseits gestützten elastischen Stab ausübt, sowie die Berechnung eines Bogenstroms in einem Plasma unter dem Einfluß eines magnetischen Querfeldes enthält. Durch Beispiele dieser Art ist die Beschränkung der allgemeinen Problemstellung auf die Gewinnung p o s i t i v e r , s t e t i g e r Lösungen von (A) geboten. Herr SCHMEIDLER entwickelt nun in seiner Arbeit ein Iterationsverfahren, das unter gewissen Voraussetzungen die Annäherung an solche Lösungen von oben her ermöglicht.

In der vorliegenden Arbeit wird die nichtlineare Integralgleichung

$$\text{(B)} \qquad \mathfrak{P}[y] + \mathfrak{K}[y] = f(s)$$

[1] Diese Arbeit wurde durch ein im Herbstsemester 1952 an der Martin-Luther-Universität Halle von Herrn Professor Dr. SCHUBERT abgehaltenes Seminar über Iterationsverfahren angeregt.

[2] W. SCHMEIDLER, Algebraische Integralgleichungen. Math. Nachr. 8, 31—40 (1952).

mit

$$\mathfrak{P}[y] \equiv \sum_{n=1}^{\infty} a_n(s)\, y^n(s)$$

und

$$\mathfrak{K}[y] \equiv \sum_{n=1}^{\infty} \sum_{\alpha_1+\ldots+\alpha_n=n} \int_a^b \ldots \int_a^b K_{\alpha_1\ldots\alpha_n}(s;t_1,\ldots,t_n)\, y^{\alpha_1}(t_1)\ldots \\ \ldots y^{\alpha_n}(t_n)\, dt_1 \ldots dt_n$$

auf positive Lösungen hin eingehend untersucht; sie entspricht dem Sonderfall $a = 0$ von (A), ist aber andererseits allgemeiner als dieser, da die Operatoren $\mathfrak{P}[y]$ und $\mathfrak{K}[y]$ unendliche Reihen darstellen. Es wird gezeigt, daß unter gewissen Konvergenzvoraussetzungen über diese Reihenentwicklungen das Schmeidlersche Iterationsverfahren von oben her gegen eine positive Lösung $y(s,\lambda)$ der mit einem zwischen 0 und $f(s)$ variierenden Parameter λ behafteten Hilfsintegralgleichung

$$\text{(C)} \qquad \mathfrak{P}[y] = f(s) - \lambda + \mathfrak{L}[y]$$

konvergiert, in der $\mathfrak{L}[y]$ eine gewisse Integralpotenzreihe mit nichtnegativen Kernen bedeutet. Der zur Lösung von (B) erforderliche Parameterwert λ_0 wird dann aus einer transzendenten Gleichung

$$\text{(D)} \qquad \mathfrak{M}[y(s,\lambda_0)] = \lambda_0$$

bestimmt. Wie durch ein einfaches Beispiel belegt wird (vgl. Abschn. 4), braucht die Lösung $y(s,\lambda)$ nicht einmal bei algebraischen Integralgleichungen von λ stetig abzuhängen, wodurch die Lösbarkeit der Gleichung (D) in Frage gestellt ist. Daher wird im Abschnitt 5 ein hinreichendes Kriterium für die Stetigkeit der Funktion $y(s,\lambda)$ in bezug auf λ hergeleitet. Im Hinblick auf die Natur der Voraussetzungen über die Vorgaben wurde auf den Gebrauch des Lebesgueschen Integralbegriffes verzichtet.

Vom Standpunkt der Anwendungen aus wäre eine brauchbare Abschätzung des Unterschiedes zwischen der gesuchten

Lösung von (C) und dem Ergebnis des k-ten Iterationsschrittes mit Hilfe der Vorgaben wünschenswert. Um diesem Ziel näher zu kommen, wird im 7. Abschnitt dem SCHMEIDLERschen Iterationsverfahren ein ganz analoges Verfahren an die Seite gestellt, das gegen die kleinste positive Lösung von unten her konvergiert, so daß z. B. im Falle eindeutiger Lösbarkeit der Integralgleichung (C) eine Eingabelung der gesuchten positiven Lösung möglich ist.

Im Abschnitt 9 wird die Frage untersucht, in welchem Umfange die vorher entwickelte Lösungsmethode auf Integralgleichungen der Gestalt

$$\text{(E)} \qquad \mathfrak{P}[y] = f(s) + \tilde{\mathfrak{L}}[y]$$

mit

$$\tilde{\mathfrak{L}}[y] = \sum_{n=1}^{\infty} \sum_{\alpha+\alpha_1+\dots+\alpha_n=n} \int_a^b \dots \int_a^b L_{\alpha\alpha_1\dots\alpha_n}(s; t_1, \dots, t_n)\, y^{\alpha}(s)\, y^{\alpha_1}(t_1) \dots \dots y^{\alpha_n}(t_n)\, dt_1 \dots dt_n$$

übertragbar ist, wo sämtliche $L_{\alpha\alpha_1\dots\alpha_n}(s; t_1, \dots, t_n)$ stetige nichtnegative Funktionen ihrer Argumente sind. Während im Falle $\alpha = 0$ die Stetigkeit der gesuchten positiven Lösung $y(s)$ in $a \leqslant s \leqslant b$ aus den bisherigen Voraussetzungen ohne weiteres gefolgert werden konnte, stellt sich jetzt heraus, daß das Iterationsverfahren schon bei Anwendung auf algebraische Integralgleichungen mit $\alpha > 0$ eine unstetige positive Lösung liefern kann. Daher wird ein hinreichendes Kriterium für die Existenz einer positiven s t e t i g e n Lösung $y(s)$ von (E) hergeleitet.

1. *Bezeichnungen und Problemstellung*

Es sei $a_n(s)$ eine Folge in $a \leqslant s \leqslant b$ stetiger Funktionen, und es möge die Reihe

$$\sum_{n=1}^{\infty} \operatorname*{Max}_{a \leqslant s \leqslant b} a_n(s)\, d_1^n$$

für einen festen Wert $d_1 > 0$ konvergieren. Dann konvergiert auch die Potenzreihe

$$\mathfrak{P}[y] \equiv \sum_{n=1}^{\infty} a_n(s)\, y^n(s)$$

gleichmäßig in $a \leqq s \leqq b$, wenn dort $|y(s)| \leqq d_1$ ist.

Weiter seien $K_{\alpha_1 \ldots \alpha_n}(s; t_1, \ldots, t_n)$ in $(a \leqq s \leqq b;\ a \leqq t_1 \leqq b, \ldots, a \leqq t_n \leqq b)$ stetig.

Setzt man

$$\sum_{\alpha_1 + \ldots \alpha_n = n} \int_a^b \ldots \int_a^b \operatorname*{Max}_{a \leqq s \leqq b} |K_{\alpha_1 \ldots \alpha_n}(s; t_1, \ldots t_n)|\, dt_1 \ldots dt_n = B_n$$

wobei die Summe über alle nichtnegativen $\alpha_1, \ldots, \alpha_n$ mit $\alpha_1 + \ldots + \alpha_n = n$ zu erstrecken ist, so möge

$$\sum_{n=1}^{\infty} B_n d_2^n$$

für einen festen Wert $d_2 > 0$ konvergieren. Dann konvergiert auch die Potenzreihe

$$(1.1)\quad \mathfrak{K}[y] \quad \sum_{n=1}^{\infty} \sum_{\alpha_1 + \ldots + \alpha_n = n} \int_a^b \ldots \int_a^b K_{\alpha_1 \ldots \alpha_n}(s; t_1, \ldots, t_n)\, y^{\alpha_1}(t_1) \ldots \ldots y^{\alpha_n}(t_n)\, dt_1 \ldots dt_n$$

gleichmäßig in $a \leqq s \leqq b$, wenn dort $|y(s)| \leqq d_2$ gilt, und wird nach Erhard Schmidt eine für $|y| \leqq d_2$ regulär konvergente Integralpotenzreihe genannt.

Versteht man unter d das Min (d_1, d_2), so ist

$$\mathfrak{P}[y] + \mathfrak{K}[y] = \sum_{n=1}^{\infty} a_n(s)\, y^n(s) + \sum_{n=1}^{\infty} \sum_{\alpha_1 + \ldots + \alpha_n = n} \int_a^b \ldots \int_a^b K_{\alpha_1 \ldots \alpha_n}(s; t_1, \ldots, t_n)\, y^{\alpha_1}(t_1) \ldots \ldots y^{\alpha_n}(t_n)\, dt_1 \ldots dt_n$$

für $|y| \leqq d$ konvergent, und es stellt die Gleichung

$$(1.2)\qquad \mathfrak{P}[y] + \mathfrak{K}[y] = f(s)$$

mit stetiger rechter Seite $f(s)$ im allgemeinen eine nichtlineare Integralgleichung dar, die in eine spezielle algebraische Integralgleichung[1] übergeht, wenn die Reihen für $\mathfrak{P}[y]$ und $\mathfrak{K}[y]$ abbrechen.

Es wird nun eine in $a \leqslant s \leqslant b$ *positive* Lösung $0 < y(s) < d$ der Integralgleichung (1.2) gesucht. Zu diesem Zwecke wird noch vorausgesetzt, daß

$$(1.3)\quad \frac{\partial \mathfrak{P}[y]}{\partial y} > 0 \text{ für } y > 0 \quad \text{und} \quad f(s) > 0 \text{ in } a \leqslant s \leqslant b$$

ist, sowie eine Zerlegung von $\mathfrak{K}[y]$ in der Form

$$\mathfrak{K}[y] = \mathfrak{M}[y] - \mathfrak{L}[y]$$

vorgenommen, die man folgendermaßen erhält: Man setzt

$$M_{\alpha_1 \dots \alpha_n}(t_1, \dots, t_n) = \operatorname*{Max}_{a \leqslant s \leqslant b} [K_{\alpha_1 \dots \alpha_n}(s; t_1, \dots, t_n), 0]$$

$$L_{\alpha_1 \dots \alpha_n}(s; t_1, \dots, t_n) = M_{\alpha_1 \dots \alpha_n}(t_1, \dots, t_n) - K_{\alpha_1 \dots \alpha_n}(s; t_1, \dots, t_n),$$

so daß offenbar

$$(1.4)\quad 0 \leqslant L_{\alpha_1 \dots \alpha_n}(s; t_1, \dots, t_n) \leqslant 2 \operatorname*{Max}_{a \leqslant b \leqslant s} |K_{\alpha_1 \dots \alpha_n}(s; t_1, \dots, t_n)|$$

gilt, und bildet mit diesen Größen die Integralpotenzreihen

$$\mathfrak{M}[y] = \sum_{n=1}^{\infty} \sum_{\alpha_1 + \dots + \alpha_n = n} \int_a^b \dots \int_a^b M_{\alpha_1 \dots \alpha_n}(t_1, \dots, t_n) y^{\alpha_1}(t_1) \dots \dots y^{\alpha_n}(t_n) dt_1 \dots dt_n$$

und

$$(1.5)\quad \mathfrak{L}[y] = \sum_{n=1}^{\infty} \sum_{\alpha_1 + \dots + \alpha_n = n} \int_a^b \dots \int_a^b L_{\alpha_1 \dots \alpha_n}(s; t_1, \dots, t_n) y^{\alpha_1}(t_1) \dots \dots y^{\alpha_n}(t_n) dt_1 \dots dt_n,$$

die sicher für $|y| \leqslant d$ konvergieren; denn wie man leicht einsieht, ist

$$0 \leqslant \sum_{\alpha_1 + \dots + \alpha_n = n} \int_a^b \dots \int_a^b M_{\alpha_1 \dots \alpha_n}(t_1, \dots, t_n) dt_1 \dots dt_n \leqslant B_n$$

$$0 \leqslant \sum_{\alpha_1 + \dots + \alpha_n = n} \int_a^b \dots \int_a^b L_{\alpha_1 \dots \alpha_n}(s; t_1, \dots t_n) dt_1 \dots dt_n \leqslant 2 B_n$$

[1] Siehe Fußnote 2 auf S. 3.

und daher für $|y| \leqslant d$

$$\mathfrak{M}[y] \leqslant \sum_{n=1}^{\infty} B_n d^n$$

und

$$\mathfrak{L}[y] \leqslant 2 \sum_{n=1}^{\infty} B_n d^n. \tag{1.6}$$

Darüber hinaus gilt wegen $M_{a_1 \ldots a_n}(t_1, \ldots, t_n) \geqslant 0$ und (1.4)

$$\mathfrak{M}[y] \geqslant 0 \quad \text{und} \quad \mathfrak{L}[y] \geqslant 0 \quad \text{für } y \geqslant 0.$$

Ferner nimmt die Gleichung (1.2) die Gestalt

$$\mathfrak{P}[y] + \mathfrak{M}[y] - \mathfrak{L}[y] = f(s) \tag{1.7}$$

an. Um zur Lösung zu gelangen, wird ein von Herrn W. SCHMEIDLER[1] herrührendes Iterationsverfahren, welches er auf algebraische Integralgleichungen angewandt hat, auf den Fall $\mathfrak{M}[y] \equiv 0$ von (1.7) übertragen. Im Hinblick auf die Natur der Voraussetzungen wird jedoch nur vom RIEMANNschen Integralbegriff Gebrauch gemacht.

2. *Auflösung der Integralgleichung (1.7) im Falle* $\mathfrak{M}[y] \equiv 0$

Zur Behandlung der aus (1.7) hervorgehenden Integralgleichung

$$\mathfrak{P}[y] = f(s) + \mathfrak{L}[y] \qquad \mathfrak{L}[y] \not\equiv 0 \tag{2.1}$$

wird weiterhin angenommen, daß es eine in $a \leqslant s \leqslant b$ stetige Funktion $y_0(s)$ gibt, die die Bedingungen

$$\mathfrak{P}[y_0] > f(s) + \mathfrak{L}[y_0] \quad \text{und} \quad 0 < y_0(s) \leqslant d \quad \text{in } a \leqslant s \leqslant b \tag{2.2}$$

erfüllt. Dann hat die Gleichung

$$\mathfrak{P}[y] = f(s) \tag{2.3}$$

wegen (1.3) in $a \leqslant s \leqslant b$ genau eine stetige Lösung $y^*(s)$, die dort der Bedingung

$$0 < y^*(s) \leqslant d$$

genügt.

[1] Siehe Fußnote 2 auf S. 3.

Jetzt wird $y_1(s) > 0$ aus der Gleichung

$$\mathfrak{P}[y_1] = f(s) + \mathfrak{L}[y_0]$$

bestimmt, und bei Beachtung von (2.2) und $\mathfrak{L}[y_0] > 0$ folgt zunächst

$$\mathfrak{P}[y^*] < \mathfrak{P}[y_1] < \mathfrak{P}[y_0]$$

und hieraus wegen (1.3)

$$y^*(s) < y_1(s) < y_0(s), \tag{2.4}$$

mithin

$$\mathfrak{L}[y_1] < \mathfrak{L}[y_0].$$

Nunmehr wird wie bei Schmeidler eine neue Näherungsfunktion $y_2(s) > 0$ aus der Gleichung

$$\mathfrak{P}[y_2] = f(s) + \mathfrak{L}[y_1]$$

bestimmt, die wegen

$$\mathfrak{P}[y^*] < \mathfrak{P}[y_2] < \mathfrak{P}[y_1] < \mathfrak{P}[y_0]$$

der Ungleichung

$$y^*(s) < y_2(s) < y_1(s) < y_0(s)$$

genügt. Allgemein gewinnt man aus der Gleichung

$$\mathfrak{P}[y_{\varkappa+1}(s)] = f(s) + \mathfrak{L}[y_\varkappa(s)]$$

eine eindeutig bestimmte positive Funktion $y_{\varkappa+1}(s)$. Weiß man nun schon, daß $y_\varkappa(s) < y_{\varkappa-1}(s)$ in $a \leqslant s \leqslant b$ ist, so ergibt sich wegen (1.4)

$$0 < \mathfrak{L}[y_\varkappa] < \mathfrak{L}[y_{\varkappa-1}],$$

mithin

$$\mathfrak{P}[y^*] < \mathfrak{P}[y_{\varkappa+1}] = f(s) + \mathfrak{L}[y_\varkappa] < f(s) + \mathfrak{L}[y_{\varkappa-1}] = \mathfrak{P}[y_\varkappa],$$

und somit

$$y^*(s) < y_{\varkappa+1}(s) < y_\varkappa(s) \qquad \text{in } a \leqslant s \leqslant b. \tag{2.5}$$

Die Funktionen $y_\varkappa(s)$ bilden also eine monoton fallende, nach unten beschränkte Folge stetiger Funktionen. Daher existiert

$\lim_{\varkappa \to \infty} y_\varkappa(s)$ für alle s aus $a \leqslant s \leqslant b$. Um jedoch die Stetigkeit der Grenzfunktion $y(s)$ sicherzustellen, soll jetzt gezeigt werden, daß die Folge $y_\varkappa(s)$ in $a \leqslant s \leqslant b$ gleichgradig stetig ist, d. h. daß

$$|y_\varkappa(s+h) - y_\varkappa(s)| < \varepsilon \qquad \text{für } |h| < h_0(\varepsilon)$$

ausfällt, wobei $h_0(\varepsilon)$ von $\varkappa$ unabhängig ist. Natürlich ist dabei h so zu beschränken, daß auch $a \leqslant s + h \leqslant b$ ist.

Bezeichnet man die Umkehrfunktion von $z = \mathfrak{P}[y]$ mit $y = \mathfrak{P}^{-1}[z]$, so ist diese im Intervall

$$0 \leqslant z \leqslant \mathfrak{P}[d]$$

nicht nur stetig, sondern bekanntlich auch gleichmäßig stetig, ferner liegt

$$z_\varkappa = f(s) + \mathfrak{L}[y_{\varkappa-1}] \tag{2.6}$$

gewiß in diesem Intervall. Setzt man weiter

$$y_\varkappa(s+h) - y_\varkappa(s) = \Delta y_\varkappa$$

und

$$z_\varkappa(s+h) - z_\varkappa(s) = \Delta z_\varkappa, \tag{2.7}$$

so wird also

$$|\Delta y_\varkappa| = |\mathfrak{P}^{-1}[z_\varkappa + \Delta z_\varkappa] - \mathfrak{P}^{-1}[z_\varkappa]| < \varepsilon$$

für alle $\varkappa$ zugleich gelten, wenn für alle $\varkappa$ die Ungleichung

$$|\Delta z_\varkappa| < \delta(\varepsilon) \tag{2.8}$$

besteht, wo $\delta(\varepsilon)$ nur von ε, d. h. nicht von $z_\varkappa$, abhängt. Es ist nun noch zu zeigen, daß sich diese Ungleichung durch Wahl eines hinreichend kleinen h für alle $\varkappa$ zugleich erreichen läßt. Offenbar folgt aus (2.6) und (2.7)

$$|\Delta z_\varkappa| \leqslant |f(s+h) - f(s)| + |\mathfrak{L}[y_{\varkappa-1}]_{s+h} - \mathfrak{L}[y_{\varkappa-1}]_s|\,{}^1. \tag{2.9}$$

---

[1] Hier ist

$$\mathfrak{L}[y_{\varkappa-1}]_{s+h} = \sum_{n=1}^{\infty} \sum_{\alpha_1+\cdots+\alpha_n=n} \int_a^b \cdots \int_a^b L_{\alpha_1\ldots\alpha_n}(s+h; t_1, \ldots, t_n)\, y_{\varkappa-1}^{\alpha_1}(t_1) \cdots$$
$$\cdots y_{\varkappa-1}^{\alpha_n}(t_n)\, dt_1 \ldots dt_n \quad \text{gesetzt.}$$

Ferner gilt noch wegen der Stetigkeit von $f(s)$

$$(2.10)\qquad |f(s+h)-f(s)| < \frac{\delta}{3} \qquad \text{für } |h| < h_1 .$$

Weiter folgt aus (1.5) bei Beachtung von (1.4) und (1.6)

$$(2.11)\qquad |\mathfrak{L}[y_{\varkappa-1}]_{s+h} - \mathfrak{L}[y_{\varkappa-1}]_s| \leqslant$$

$$\leqslant \sum_{n=1}^{N} d^n \sum_{\alpha_1+\dots+\alpha_n=n} \int_a^b \dots \int_a^b |L_{\alpha_1\dots\alpha_n}(s+h;t_1,\dots t_n) -$$

$$- L_{\alpha_1\dots\alpha_n}(s;t_1,\dots,t_n)|\,dt_1\dots dt_n + 2\sum_{n=N+1}^{\infty} B_n d^n .$$

Nun wird N so groß gewählt, daß

$$(2.12)\qquad 2\sum_{n=N+1}^{\infty} B_n d^n < \frac{\delta(\varepsilon)}{3}$$

ausfällt. Wegen der Stetigkeit der $L_{\alpha_1\dots\alpha_n}(s;t_1,\dots,t_n)$ ergibt sich bei festgehaltenem N

$$(2.13)\qquad \sum_{n=1}^{N} d^n \sum_{\alpha_1+\dots+\alpha_n=n} \int_a^b \dots \int_a^b |L_{\alpha_1\dots\alpha_n}(s+h;t_1,\dots,t_n) -$$

$$- L_{\alpha_1\dots\alpha_n}(s;t_1,\dots,t_n)|\,dt_1\dots dt_n < \frac{\delta(\varepsilon)}{3}$$

für $|h| < h_2$. Setzt man schließlich $h_0 = \operatorname{Min}(h_1, h_2)$, so erhält man aus (2.9), (2.10), (2.11), (2.12) und (2.13) die behauptete Ungleichung (2.8) für $|h| < h_0$, d. h. für alle $\varkappa$ zugleich, womit die gleichgradige Stetigkeit bewiesen ist.

Da die Folge $y_\varkappa(s)$ in $a \leqslant s \leqslant b$ gleichgradig stetig ist, konvergiert sie dort sogar gleichmäßig gegen die positive Grenzfunktion $y(s)$. Diese ist daher in $a \leqslant s \leqslant b$ stetig und es gilt dort

$$\lim_{\varkappa\to\infty} \mathfrak{L}[y_\varkappa] = \mathfrak{L}[y],$$

mithin stellt $y(s)$ eine Lösung der Integralgleichung (2.1) dar.

3. *Auflösung der Integralgleichung (1.7) im Falle* $\mathfrak{M}[y] \not\equiv 0$

Um diesen Fall zu behandeln, wird wie bei SCHMEIDLER zunächst die Integralgleichung

$$\mathfrak{P}[y] = f(s) - \lambda + \mathfrak{L}[y] \tag{3.1}$$

betrachtet, in der λ einen im Intervall $0 \leqslant \lambda < f(s)$ variierenden Parameter bedeutet. Auf diese Integralgleichung ist das im Abschnitt 2 erläuterte Verfahren anwendbar, und zwar kann als Ausgangsfunktion $y_0(s, \lambda) = y_0(s)$ aus Abschnitt 2 gewählt werden; denn wegen

$$\mathfrak{P}[y_0(s)] > f(s) + \mathfrak{L}[y_0(s)] \geqslant f(s) - \lambda + \mathfrak{L}[y_0(s)]$$

genügt sie den Anforderungen, die das Iterationsverfahren an die Anfangsfunktion stellt. Das durch die Gleichungen

$$\mathfrak{P}[y_{\varkappa+1}(s,\lambda)] = f(s) - \lambda + \mathfrak{L}[y_\varkappa(s,\lambda)], \qquad \varkappa = 0, 1, 2, \ldots, \tag{3.2}$$

erklärte Iterationsverfahren liefert für jeden festen Wert von λ eine in $a \leqslant s \leqslant b$ gleichmäßig konvergente Funktionenfolge $y_\varkappa(s,\lambda)$ und damit eine eindeutig bestimmte Grenzfunktion $y(s,\lambda)$, die in $a \leqslant s \leqslant b$ stetig ist. Bezeichnet man mit $y^*(s,\lambda)$ die gewiß vorhandene positive Lösung von

$$\mathfrak{P}[y^*] = f(s) - \lambda \tag{3.3}$$

[vgl. (2.3) Abschn. 2], so gilt offenbar

$$y(s,\lambda) \geqslant y^*(s,\lambda) > 0\,.$$

Außerdem läßt sich leicht zeigen, daß es zwischen der Lösung $y(s,\lambda)$ der Integralgleichung (3.1) und der Anfangsfunktion $y_0(s)$ in $a \leqslant s \leqslant b$ keine weitere Lösung der Integralgleichung geben kann. Wäre nämlich $\hat{y}(s,\lambda)$ eine weitere Lösung von (3.1), die für einen der Bedingung $0 \leqslant \lambda' < f(s)$ genügenden λ-Wert λ' die Ungleichung

$$\hat{y}(s,\lambda') \leqslant y_0(s) \qquad \text{in } a \leqslant s \leqslant b$$

erfüllt, so folgt wegen (1.4) zunächst

$$\mathfrak{L}[\hat{y}] \leqslant \mathfrak{L}[y_0].$$

Hieraus ergibt sich

$$\mathfrak{P}[\hat{y}] = f(s) - \lambda' + \mathfrak{L}[\hat{y}] \leqslant f(s) - \lambda' + \mathfrak{L}[y_0] = \mathfrak{P}[y_1],$$

mithin

$$\hat{y}(s,\lambda') \leqslant y_1(s,\lambda') \qquad \text{in } a \leqslant s \leqslant b.$$

Allgemein folgt aus

$$\mathfrak{P}[\hat{y}] = f(s) - \lambda' + \mathfrak{L}[\hat{y}] \leqslant f(s) - \lambda' + \mathfrak{L}[y_\varkappa] = \mathfrak{P}[y_{\varkappa+1}]$$

die Beziehung

$$\hat{y}(s,\lambda') \leqslant y_{\varkappa+1}(s,\lambda') \qquad \text{in } a \leqslant s \leqslant b$$

und durch den anschließenden Grenzübergang $\varkappa \to \infty$

$$\hat{y}(s,\lambda') \leqslant y(s,\lambda') \qquad \text{in } a \leqslant s \leqslant b.$$

Nimmt man vorerst einmal an, daß die Funktion $y(s,\lambda)$ in bezug auf λ im ganzen Intervall $0 \leqslant \lambda \leqslant f(s)$ stetig ist, so ist auch $\mathfrak{M}[y(s,\lambda)]$ eine dort stetige Funktion von λ. Wenn es nun eine positive Konstante $c < f(s)$ gibt, so daß

$$\mathfrak{M}[y(s,c)] \leqslant c \tag{3.4}$$

ist (Schmeidlersche Konstantenbedingung), dann gibt es zwischen 0 und c einen Wert λ_0, für den

$$\mathfrak{M}[y(s,\lambda_0)] = \lambda_0$$

gilt. Die Funktion $y(s,\lambda_0)$ ist dann in $a \leqslant s \leqslant b$ stetig, genügt dort der Ungleichung

$$0 < y^*(s,\lambda_0) \leqslant y(s,\lambda_0) \leqslant y_0(s) \leqslant d$$

und befriedigt die Integralgleichung (1.7).

Im folgenden Abschnitt wird an Hand einer einfachen algebraischen Integralgleichung gezeigt, daß die vom Iterationsverfahren gelieferte Grenzfunktion $y(s,\lambda)$ in bezug auf λ nicht stetig zu sein braucht, und somit eine diesbezügliche Behauptung von Herrn Schmeidler auf S. 34 seiner Arbeit[1] nicht zuzutreffen braucht.

---

[1] Siehe Fußnote 2 auf S. 3.

4. Beispiel einer Integralgleichung mit unstetiger Lösung in bezug auf λ

Die Integralgleichung

$$(4.1) \qquad y^3(s) - 4y^2(s) + 6y(s) = 6 - \lambda + \int_0^1 y(t)\,dt$$

ist eine algebraische Integralgleichung vom SCHMEIDLERschen Typus[1], und zwar gilt

$$(4.2) \qquad \frac{\partial \mathfrak{p}[y]}{\partial y} = 3y^2(s) - 8y(s) + 6 > 0$$

für jedes $y(s)$, da die Diskriminante negativ ist.

Die Wahl von $y_0(s) \equiv 4$ als Anfangsfunktion ist wegen

$$\mathfrak{p}[y_0] \equiv 24 > f(s) + \mathfrak{L}[y_0] \equiv 10$$

zulässig, und das zuvor erläuterte Iterationsverfahren liefert für jeden festen Wert von λ mit $0 \leqslant \lambda < 6$ genau eine positive Lösung $y(s, \lambda)$ von (4.1).

Andererseits erhält man durch Differentiation von (4.1) nach s

$$[3y^2(s) - 8y(s) + 6]\,y'(s) \equiv 0 \qquad \text{in} \quad 0 \leqslant s \leqslant 1,$$

woraus wegen (4.2) unmittelbar

$$y(s) = y = \text{const}$$

folgt. Für den Wert dieser Konstanten erhält man aus (4.1) die kubische Gleichung

$$\lambda = -y^3 + 4y^2 - 5y + 6,$$

die im Intervall $4 < \lambda < 4\frac{4}{27}$ drei verschiedene reelle Lösungen hat (vgl. Fig. 1). Dagegen liefert das SCHMEIDLERsche Iterationsverfahren im ganzen Intervall $0 \leqslant \lambda < 6$ und daher erst recht in $4 < \lambda < 4\frac{4}{27}$ nur die größte Lösung unterhalb $y = 4$.

---

[1] In der SCHMEIDLERschen Bezeichnungsweise ist

$$a_0(s) \equiv 1, \quad a_1(s) \equiv -4, \quad a_2(s) \equiv 6, \quad f(s) \equiv 6, \quad L[y] \equiv \int_0^1 y(t)\,dt, \quad m = 3, \quad n = \nu = 1.$$

Da alle in $0 \leqslant s \leqslant 1$ stetigen Lösungen der Integralgleichung (4.1) von s unabhängig sind, muß auch die durch das Iterationsverfahren gewonnene Lösung $y(s,\lambda)$ in jeder y,λ-Ebene dasselbe

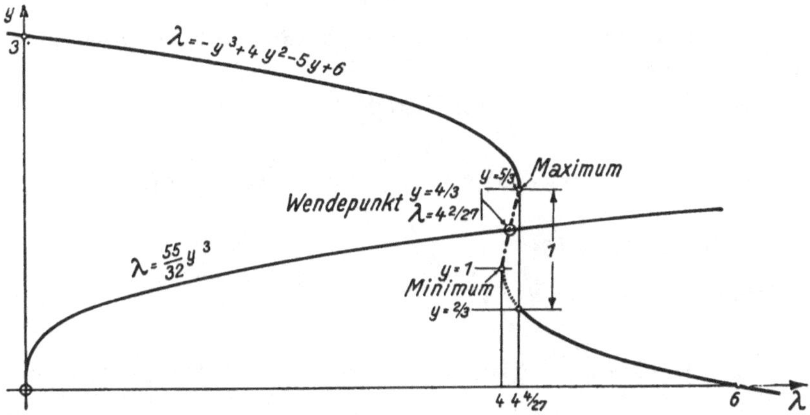

Fig. 1

Kurvenbild besitzen, das in Fig. 1 ausgezogen ist. Dabei gehört im oberen Kurvenstück der Endpunkt $y = \frac{5}{3}$, $\lambda = 4\frac{4}{27}$ dazu, im unteren der Endpunkt $y = \frac{2}{3}$, $\lambda = 4\frac{4}{27}$ dagegen nicht, so daß $y(s,\lambda)$ an der Stelle $\lambda = 4\frac{4}{27}$ einen Sprung vom Betrag 1 macht. Die zu dem gestrichelt gezeichneten unteren Kurvenstück zwischen $\lambda = 4$ und $\lambda = 4\frac{4}{27}$ gehörigen Lösungen von (4.1) können durch das Iterationsverfahren auch gewonnen werden, und zwar ist $y_0 \equiv 1$ an Stelle von $y_0 \equiv 4$ eine geeignete Anfangsfunktion, da

$$(4.3) \qquad \mathfrak{p}[1] = 3 > f(s) - \lambda + \mathfrak{L}[1] \qquad \text{für } \lambda > 4$$

gilt. Dagegen können die zu dem strichpunktierten Kurvenstück zwischen $\lambda = 4$ und $\lambda = 4\frac{4}{27}$ gehörigen Lösungen von (4.1) durch das Schmeidlersche Verfahren nicht gewonnen werden; denn alle Anfangsfunktionen $y_0(s)$, die auf eine derartige Lösung führen könnten, erfüllen für wenigstens einen Wert aus $a \leqslant s \leqslant b$ die Ungleichung

$$\mathfrak{P}[y_0] > f(s) - \lambda + \mathfrak{L}[y_0]$$

und sind daher im SCHMEIDLERschen Sinne als Anfangsfunktionen nicht geeignet[1].

Betrachtet man jetzt die Integralgleichung

$$y^3(s) - 4y^2(s) + 6y(s) + \frac{55}{32}\int_0^1 y^3(t)\,dt - \int_0^1 y(t)\,dt = 6, \tag{4.4}$$

die sich aus (1.7) für

$$\mathfrak{P}[y] = y^3(s) - 4y^2(s) + 6y(s),$$

$$\mathfrak{M}[y] = \frac{55}{32}\int_0^1 y^3(t)\,dt, \qquad \mathfrak{L}[y] = \int_0^1 y(t)\,dt, \qquad f(s) \equiv 6$$

ergibt, so hätte man nach SCHMEIDLER[2] zunächst die Lösung $y(s, \lambda)$ von (4.1) durch das zuvor erklärte Iterationsverfahren zu bestimmen und anschließend aus der Gleichung

$$\mathfrak{M}[y(s,\lambda)] = \frac{55}{32}\int_0^1 y^3(t,\lambda)\,dt = \lambda$$

den Parameterwert λ zu ermitteln. Obwohl die zur Auflösung dieser Gleichung geforderte Voraussetzung (3.4) hier erfüllt ist, läßt sich diese Gleichung wegen der Unstetigkeit von $y(s, \lambda)$ bei $\lambda = 4\frac{4}{27}$ nicht nach λ auflösen, was man aus Fig. 1 erkennt. Trotzdem besitzt die Integralgleichung (4.4) die eindeutig bestimmte Lösung $y = \frac{4}{3}$. Damit wird die Frage aufgeworfen, unter welchen zusätzlichen Voraussetzungen die durch das Iterationsverfahren gewonnene Funktion in bezug auf λ stetig ist.

[1] Es wird nicht behauptet, daß das Iterationsverfahren mit einer solchen Anfangsfunktion nicht konvergieren könne.

[2] Siehe Fußnote 2 auf S. 3.

5. *Ein hinreichendes Kriterium für die Stetigkeit von $y(s,\lambda)$ in bezug auf λ*

Zur Herleitung des Kriteriums wird folgender Hilfssatz benötigt, bei dessen Formulierung wir uns in der Bezeichnungsweise an LICHTENSTEIN[1] anschließen.

Hilfssatz: Sind $y(s)$ und $\hat{y}(s)$ irgend zwei in $a \leqslant s \leqslant b$ stetige und dort den Ungleichungen

$$|y| \leqslant \Omega \leqslant d, \quad |\hat{y}| \leqslant \Omega \leqslant d \quad \text{und} \quad |y - \hat{y}| \leqslant \mho$$

genügende Funktionen, so gilt

$$|\mathfrak{L}[y] - \mathfrak{L}[\hat{y}]| \leqslant \mho \cdot F'(\Omega),$$

wobei

$$F(\Omega) = \sum_{n=1}^{\infty} A_n \Omega^n \tag{5.1}$$

und

$$A_n = \underset{a \leqslant s \leqslant b}{\operatorname{Max}} \sum_{\alpha_1 + \dots + \alpha_n = n} \int_a^b \dots \int_a^b L_{\alpha_1 \dots \alpha_n}(s; t_1, \dots, t_n)\, dt_1 \dots dt_n$$

gesetzt wurde und $F'(\Omega)$ die Ableitung von F nach Ω bedeutet.

Beweis: Es ist nämlich, wenn $\alpha_1 + \dots + \alpha_n = n$ ist,

$$|y^{\alpha_1}(t_1) \dots y^{\alpha_n}(t_n) - \hat{y}^{\alpha_1}(t_1) \dots \hat{y}^{\alpha_n}(t_n)| \leqslant \mho\, n\, \Omega^{n-1}$$

und daher wegen (5.1) und (1.5)

$$|\mathfrak{L}[y] - \mathfrak{L}[\hat{y}]| \leqslant \mho \sum_{n=1}^{\infty} n A_n \Omega^{n-1} = \mho F'(\Omega).$$

Es sei nun $y_\varkappa(s,\lambda)$ irgendeine Näherungsfunktion des oben erläuterten Iterationsverfahrens und $y^*(s,\lambda)$ die nach Abschnitt 3 existierende positive Lösungsfunktion von (3.3). Setzt man nun

$$\omega^* = \operatorname{Min} y^*(s,\lambda) \quad \text{und} \quad \Omega_\varkappa = \operatorname{Max} y_\varkappa(s,\lambda) \tag{5.2}$$

in $a \leqslant s \leqslant b$, $0 \leqslant \lambda \leqslant f(s) - p$ ($p > 0$ konstant), so hat

$$\frac{\partial \mathfrak{P}[y]}{\partial y} \quad \text{in} \quad \omega^* \leqslant y \leqslant \Omega_\varkappa$$

[1] LICHTENSTEIN, Vorlesungen über einige Klassen nichtlinearer Integralgleichungen und Integrodifferentialgleichungen. Springer, Berlin 1931, S. 4. Dort findet sich übrigens eine ganz ähnliche Abschätzung, in der der Summationsindex erst von $n = 2$ an läuft.

eine positive untere Grenze $\varrho_\varkappa$. Wegen (2.5) gelten dann die Beziehungen:

$$(5.3)\qquad \Omega_\varkappa \geqq \Omega_{\varkappa+1}, \quad \varrho_\varkappa \leqq \varrho_{\varkappa+1}$$
$$\text{und wegen } A_n \geqq 0:\ F'(\Omega_\varkappa) \geqq F'(\Omega_{\varkappa+1}),$$

woraus unmittelbar

$$(5.4)\qquad \frac{F'(\Omega_{\varkappa+1})}{\varrho_{\varkappa+1}} \leqq \frac{F'(\Omega_\varkappa)}{\varrho_\varkappa}$$

folgt.

Nach diesen Vorbereitungen kann nunmehr das folgende für die Stetigkeit von $y(s,\lambda)$ in $0 \leqq \lambda \leqq f(s) - p$ hinreichende Kriterium formuliert werden.

Die durch das Iterationsverfahren von Abschnitt 3 gewonnene Lösung $y(s,\lambda)$ der Integralgleichung (3.1) ist sicher dann in $0 \leqq \lambda \leqq f(s) - p$ bei festem s eine stetige Funktion von λ, wenn es einen Indexwert k gibt, für den

$$(5.5)\qquad \frac{F'(\Omega_k)}{\varrho_k} < 1$$

ausfällt.

Ist diese Bedingung erfüllt, so folgt wegen (5.4) zunächst, daß für alle $\varkappa \geqq k$ die Ungleichung

$$(5.6)\qquad \frac{F'(\Omega_\varkappa)}{\varrho_\varkappa} \leqq \frac{F'(\Omega_k)}{\varrho_k} = q < 1$$

besteht.

Um nun die Stetigkeit von $y(s,\lambda)$ in $0 \leqq \lambda \leqq f(s) - p$ beweisen zu können, genügt es zu zeigen, daß die Funktionenfolge $y_\varkappa(s,\lambda)$ in diesem λ-Intervall gleichgradig stetig ist. Der Beweis der gleichgradigen Stetigkeit ergibt sich folgendermaßen:

Mit $\mho_\varkappa(h) = \mho_\varkappa$ wird eine für $a \leqq s \leqq b$ und $0 \leqq \lambda \leqq f(s) - p$ gültige obere Schranke von $|y_\varkappa(s,\lambda+h) - y_\varkappa(s,\lambda)|$ bezeichnet, so daß also

$$|y_\varkappa(s,\lambda+h) - y_\varkappa(s,\lambda)| \leqq \mho_\varkappa(h)$$
$$\text{in } a \leqq s \leqq b, \quad 0 \leqq \lambda \leqq f(s) - p$$

gilt. Alsdann ist die gleichgradige Stetigkeit bewiesen, wenn es gelingt $\mho_\varkappa(h)$ so zu bestimmen, daß

$$\mho_\varkappa(h) < \varepsilon \qquad \text{für } |h| < \delta(\varepsilon)$$

ausfällt, wobei $\delta(\varepsilon)$ unabhängig von $\varkappa$ gewählt werden kann.

Da $y_0(s)$ nicht von λ abhängt, setzen wir $\mho_0(h) \equiv 0$. Weiter folgt aus den Iterationsgleichungen (3.2) mit Hilfe des Mittelwertsatzes

$$\begin{aligned} &|\mathfrak{P}[y_\varkappa(s,\lambda+h)] - \mathfrak{P}[y_\varkappa(s,\lambda)]| \\ (5.7) \quad &= |y_\varkappa(s,\lambda+h) - y_\varkappa(s,\lambda)| \frac{\partial \mathfrak{P}[\eta_\varkappa^{(\lambda)}(s)]}{\partial y} \\ &= |-h + \mathfrak{L}[y_{\varkappa-1}(s,\lambda+h)] - \mathfrak{L}[y_{\varkappa-1}(s,\lambda)]|, \end{aligned}$$

wobei $\eta_\varkappa^{(\lambda)}(s)$ eine (nicht notwendig stetige) Zwischenfunktion ist, die der Bedingung

$$\omega^* \leqslant y^*(s,\lambda) \leqslant \eta_\varkappa^{(\lambda)}(s) \leqslant y_\varkappa(s,\lambda) \leqslant \Omega_\varkappa$$
$$\text{in } a \leqslant s \leqslant b, \quad 0 \leqslant \lambda \leqslant f(s) - p$$

genügt. Auf Grund der Definition von $\varrho_\varkappa$ gilt dann

$$(5.8) \qquad \frac{\partial \mathfrak{P}[\eta_\varkappa^{(\lambda)}(s)]}{\partial y} \geqslant \varrho_\varkappa .$$

Ferner liefert der Hilfssatz

$$(5.9) \quad |\mathfrak{L}[y_{\varkappa-1}(s,\lambda+h) - \mathfrak{L}[y_{\varkappa-1}(s,\lambda)]| \leqslant \mho_{\varkappa-1} F'(\Omega_{\varkappa-1}).$$

Aus (5.7), (5.8) und (5.9) erhält man die Abschätzung

$$\begin{aligned} |y_\varkappa(s,\lambda+h) - y_\varkappa(s,\lambda)| &= \frac{|-h + \mathfrak{L}[y_{\varkappa-1}(s,\lambda+h)] - \mathfrak{L}[y_{\varkappa-1}(s,\lambda)]|}{\dfrac{\partial \mathfrak{P}[\eta_\varkappa^{(\lambda)}(s)]}{\partial y}} \\ &\leqslant \frac{|h|}{\varrho_\varkappa} + \mho_{\varkappa-1} \frac{F'(\Omega_{\varkappa-1})}{\varrho_\varkappa}, \end{aligned}$$

woraus man erkennt, daß als obere Schranke für $|y_\varkappa(s,\lambda+h) - y_\varkappa(s,\lambda)|$ die Funktion

$$(5.10) \qquad \mho_\varkappa(h) = \frac{1}{\varrho_\varkappa}\{|h| + \mho_{\varkappa-1} F'(\Omega_{\varkappa-1})\} \qquad \varkappa = 1, 2 \ldots$$

gewählt werden kann. Diese Funktionenfolge $\mho_\varkappa(h)$ hat, wie nunmehr gezeigt werden soll, das oben angegebene Stetigkeitsverhalten. Aus der Rekursionsformel (5.10) für die $\mho_\varkappa$ folgt für $r = 0, 1, 2 \ldots$

$$\mho_{\varkappa+r} = \frac{|h|}{\varrho_{\varkappa+r}} \sum_{n=0}^{r} \prod_{m=1}^{n} \frac{F'(\Omega_{\varkappa+r-m})}{\varrho_{\varkappa+r-m}} + \mho_{\varkappa-1} \frac{F'(\Omega_{\varkappa-1})}{\varrho_{\varkappa+r}} \prod_{m=1}^{r} \frac{F'(\Omega_{\varkappa+r-m})}{\varrho_{\varkappa+r-m}}, \tag{5.11}$$

wie durch vollständige Induktion bewiesen wird.

Die Behauptung ist offenbar richtig für $r = 0$. Ist sie für r richtig, so folgt

$$\begin{aligned}
\mho_{\varkappa+r+1} &= \frac{|h|}{\varrho_{\varkappa+r+1}} + \frac{F'(\Omega_{\varkappa+r})}{\varrho_{\varkappa+r+1}} \left\{ \frac{|h|}{\varrho_{\varkappa+r}} \sum_{n=0}^{r} \prod_{m=1}^{n} \frac{F'(\Omega_{\varkappa+r-m})}{\varrho_{\varkappa+r-m}} \right. \\
&\qquad \left. + \mho_{\varkappa-1} \frac{F'(\Omega_{\varkappa-1})}{\varrho_{\varkappa+r+1}} \prod_{m=1}^{r} \frac{F'(\Omega_{\varkappa+r-m})}{\varrho_{\varkappa+r-m}} \right. \\
&= \frac{|h|}{\varrho_{\varkappa+r+1}} + \frac{|h|}{\varrho_{\varkappa+r+1}} \sum_{n=0}^{r} \prod_{m=1}^{n+1} \frac{F'(\Omega_{\varkappa+r+1-m})}{\varrho_{\varkappa+r+1-m}} \\
&\qquad + \mho_{\varkappa-1} \frac{F'(\Omega_{\varkappa-1})}{\varrho_{\varkappa+r+1}} \prod_{m=1}^{r+1} \frac{F'(\Omega_{\varkappa+r+1-m})}{\varrho_{\varkappa+r+1-m}} \\
&= \frac{|h|}{\varrho_{\varkappa+r+1}} \sum_{n=0}^{r+1} \prod_{m=1}^{n} \frac{F'(\Omega_{\varkappa+r+1-m})}{\varrho_{\varkappa+r+1-m}} \\
&\qquad + \mho_{\varkappa-1} \frac{F'(\Omega_{\varkappa-1})}{\varrho_{\varkappa+r+1}} \prod_{m=1}^{r+1} \frac{F'(\Omega_{\varkappa+r+1-m})}{\varrho_{\varkappa+r+1-m}},
\end{aligned}$$

d. h. die Richtigkeit für $r + 1$.

Insbesondere ergibt sich aus (5.11) für $\varkappa = 1$ unter Beachtung von $\mho_0 = 0$

$$\mho_{r+1} = \frac{|h|}{\varrho_{\varkappa+1}} \sum_{n=0}^{r} \prod_{m=1}^{n} \frac{F'(\Omega_{r+1-m})}{\varrho_{r+1-m}} \qquad r = 0, 1, 2 \ldots \tag{5.12}$$

Wegen (5.6) folgt

$$\frac{F'(\Omega_{k+1+p})}{\varrho_{k+1+p}} \leqslant \frac{F'(\Omega_{k+1})}{\varrho_{k+1}} \leqslant q < 1$$

und gemäß (5.3) ist

$$\varrho_{k+r} \geqslant \varrho_k .$$

Alsdann ergibt sich aus (5.11) für $\varkappa = k+1$ die Abschätzung

$$(5.13)\quad \mho_{k+r+1} \leqslant \frac{|h|}{\varrho_k} \sum_{n=0}^{r} q^n + q^{r+1} \mho_k \leqslant \frac{|h|}{\varrho_k} \frac{1}{1-q} + q^{r+1} \mho_k$$

$$= \frac{|h|}{\varrho_k} \left\{ \frac{1}{1-q} + q^{r+1} \sum_{n=0}^{k-1} \prod_{m=1}^{n} \frac{F'(\Omega_{k-m})}{\varrho_{k-m}} \right\}.$$

Bedeute nun ε eine beliebig kleine positive Zahl, so läßt sich die Ungleichung

$$\mho_\varkappa(h) < \varepsilon$$

für alle Werte von $\varkappa$ zugleich erfüllen, wenn man im Falle $\varkappa \leqslant k$ gemäß (5.12)

$$|h| < \frac{\varepsilon}{\underset{1 \leqslant \varkappa \leqslant k}{\operatorname{Max}} \dfrac{1}{\varrho_\varkappa} \displaystyle\sum_{n=0}^{\varkappa-1} \prod_{m=1}^{n} \frac{F'(\Omega_{\varkappa-m})}{\varrho_{\varkappa-m}}}$$

und im Falle $\varkappa > k$ gemäß (5.13)

$$|h| < \frac{\varepsilon \cdot \varrho_k}{\dfrac{1}{1-q} + q \displaystyle\sum_{n=0}^{k-1} \prod_{m=1}^{n} \frac{F'(\Omega_{k-m})}{\varrho_{k-m}}}$$

wählt. Damit ist die gleichgradige Stetigkeit der Folge $y_\varkappa(s, \lambda)$ in bezug auf die Variable λ bewiesen.

Es ist unmittelbar klar, daß die Stetigkeit von $y(s, \lambda)$ in bezug auf λ für ein gewisses Teilintervall von $0 \leqslant \lambda \leqslant f(s) - p$ schon dann gesichert ist, wenn nur das Kriterium für dieses Teilintervall erfüllt ist. Daher eignet sich das Kriterium auch zur Auffindung evtl. vorhandener Stetigkeitsintervalle oder Teilintervalle derselben, bei unstetiger Lösungsfunktion $y(s,\lambda)$. Die Kenntnis solcher Stetigkeitsintervalle kann für die Auflösung der Integralgleichung (1.7) durchaus von Bedeutung sein. Hat man etwa festgestellt, daß $y(s,\lambda)$ in dem Intervall $0 \leqslant \lambda_1 \leqslant \lambda \leqslant \lambda_2 \leqslant f(s) - p$ stetig ist, und gilt außerdem

$$\mathfrak{M}[y(s,\lambda_1)] \geqslant \lambda_1 \quad \text{sowie} \quad \mathfrak{M}[y(s,\lambda_2)] \leqslant \lambda_2,$$

so folgt, daß es zwischen λ_1 und λ_2 einen Wert λ_0 gibt, für den die Gleichung

$$\mathfrak{M}[y(s,\lambda_0)] = \lambda_0$$

erfüllt ist. Dann ist aber die Funktion $y(s,\lambda_0)$ eine in $a \leqslant s \leqslant b$ positive und stetige Lösung der Integralgleichung (1.7).

Als Nächstes soll nun das Kriterium auf die Integralgleichung (4.1) angewandt werden, und zwar sollen mit seiner Hilfe gewisse Stetigkeitsintervalle der Lösungsfunktion $y(s,\lambda)$ von (4.1), die bekanntlich an der Stelle $\lambda = 4\frac{4}{27}$ unstetig wird, bestimmt werden.

6. *Anwendung des Kriteriums auf die Integralgleichung (4.1)*

Auf Grund der früheren Untersuchungen ist die Lösungsfunktion $y(s,\lambda)$ von (4.1), die durch das Iterationsverfahren mit $y_0(s) = 4$ als Anfangsfunktion gewonnen wird, in $0 \leqslant \lambda < 4\frac{4}{27}$ stetig. Im Punkte $\lambda = 4\frac{4}{27}$ ist $y(s,\lambda)$ zwar noch linksseitig, jedoch nicht mehr rechtsseitig stetig. Im Intervall $4\frac{4}{27} < \lambda < 6$ ist $y(s,\lambda)$ ebenfalls stetig und stimmt dort mit derjenigen Lösung $\hat{y}(s,\lambda)$ von (4.1) überein, die man mit Hilfe des Iterationsverfahrens aus der Anfangsfunktion $y_0(s) \equiv 1$ erhält. In der Integralgleichung (4.1) ist

$$\mathfrak{L}[y] = \int_0^1 y(t)\,dt,$$

mithin nach (5.1)

$$F(\Omega) = \Omega \quad \text{und} \quad F'(\Omega) = 1.$$

Um die entscheidende Ungleichung (5.5) zu erfüllen, legen wir zunächst die Anfangsfunktion $y_0(s) = 1$ zugrunde und bestimmen ein Teilintervall $\lambda_1 \leqslant \lambda \leqslant \lambda_2$ von $0 \leqslant \lambda < 6$ so, daß für dieses Intervall $\varrho_1 > 1$ ausfällt. ϱ_1 bedeutet in diesem Falle die untere Grenze von

$$\frac{\partial \mathfrak{p}[y]}{\partial y} = 3y^2(s) - 8y(s) + 6 \qquad \text{in } \omega^*(\lambda_1, \lambda_2) \leqslant y \leqslant \Omega_1(\lambda_1, \lambda_2)$$

mit

$$\omega^*(\lambda_1, \lambda_2) = \min_{\substack{a \leqslant s \leqslant b \\ \lambda_1 \leqslant \lambda \leqslant \lambda_2}} y^*(s, \lambda) \quad \text{und} \quad \Omega_1(\lambda_1, \lambda_2) = \max_{\substack{a \leqslant s \leqslant b \\ \lambda_1 \leqslant \lambda \leqslant \lambda_2}} y_1(s, \lambda).$$

Man erkennt leicht, daß

$$\frac{\partial \mathfrak{p}[y]}{\partial y} > 1 \quad \text{für} \quad y > \frac{5}{3} \quad \text{sowie für} \quad y < 1 \tag{6.1}$$

gilt. Mit der Funktion $y_0(s) = 1$, die wegen (4.3) eine im Intervall $4 < \lambda < 6$ geeignete Anfangsfunktion des Iterationsverfahrens ist, gilt dort wegen (2.4) gewiß $y_1 < 1$.

Wählen wir jetzt λ_1, λ_2 entsprechend der Bedingung

$$4 < \lambda_1 \leqslant \lambda \leqslant \lambda_2 < 6,$$

so wird

$$\omega^*(\lambda_1, \lambda_2) < \Omega(\lambda_1, \lambda_2) < 1$$

sowie

$$\frac{\partial \mathfrak{p}[y]}{\partial y} \geqslant 1 + \delta \quad \text{mit} \quad \delta > 0,$$

d. h. $\varrho_1 > 1$.

Die Ungleichung (5.5) des Kriteriums läßt sich mit der anderen Anfangsfunktion $y_0(s) = 4$ noch in einem weiteren Teilintervall $\lambda_1 \leqslant \lambda \leqslant \lambda_2$ erfüllen, für das die Abschätzung $\varrho_0 > 1$ besteht. Zu diesem Zwecke ermitteln wir für die durch die Gleichung (3.3), die hier die Gestalt

$$y^{*3} - 4y^* + 6y^* - 6 = -\lambda$$

annimmt, erklärte Funktion $y^*(s,\lambda)$ ein λ-Intervall, in dem die Ungleichung

$$y^* > \frac{5}{3}$$

gilt. Da $y^*(s,\lambda)$ mit wachsendem λ monoton abnimmt, besteht diese Ungleichung gewiß für $\lambda < \frac{67}{27}$. Wählen wir jetzt λ_1, λ_2 entsprechend der Bedingung

$$0 \leqslant \lambda_1 \leqslant \lambda \leqslant \lambda_2 < \frac{67}{27},$$

so erhält man

$$\frac{5}{3} < \omega^*(\lambda_1, \lambda_2) < \Omega_0(\lambda_1, \lambda_2)$$

sowie

$$\frac{\partial \mathfrak{p}[y]}{\partial y} \geqslant 1 + \delta \qquad \text{mit} \quad \delta > 0,$$

d. h. $\varrho_0 > 1$. Auf Grund des Kriteriums ergibt sich also die Stetigkeit der zu $y_0(s) = 4$ gehörigen Grenzfunktion in dem halboffenen Intervall $0 \leqslant \lambda < \frac{67}{27}$. Während man mit diesem Kriterium also nicht das ganze links von der Unstetigkeitsstelle gelegene Stetigkeitsintervall als solches erkennen kann — womit übrigens gezeigt ist, daß das Kriterium lediglich hinreichenden Charakter hat und keineswegs notwendig ist —, kann man mit ihm doch beweisen, daß $y(s,\lambda)$ in $4\frac{4}{27} < \lambda < 6$ stetig ist.

In diesem Intervall gilt nämlich

$$y(s,\lambda) < \frac{2}{3}.$$

Daher gibt es zu jedem festen λ_0 aus $4\frac{4}{27} < \lambda < 6$ einen Indexwert k, so daß

$$y_k(s,\lambda) < 1 \tag{6.2}$$

ausfällt. Ferner ist wegen der Monotonie der $y_\varkappa(s,\lambda)$ in bezug auf λ die Ungleichung (6.2) auch für alle λ-Werte aus $\lambda_0 \leqslant \lambda < 6$ erfüllt. Somit ist $y(s,\lambda)$ nach dem Kriterium in $\lambda_0 \leqslant \lambda < 6$ und, da λ_0 beliebig aus $4\frac{4}{27} < \lambda_0 < 6$ gewählt werden kann, auch in dem ganzen offenen Intervall $4\frac{4}{27} < \lambda < 6$ stetig.

7. *Approximation einer positiven Lösung der Integralgleichung (3.1) von unten her*

Da die Annäherung an eine Lösung der Integralgleichung (3.1) durch das Schmeidlersche Iterationsverfahren von oben her erfolgt, ist es für numerische Zwecke wünschenswert, dieses Verfahren so umzugestalten, daß es auch eine Approximation von unten her liefert. Ist $y_0^{(u)}(s,\lambda)$ entweder die durch (3.3) bestimmte Funktion $y^*(s,\lambda)$ oder irgendeine andere im Bereich $a \leqslant s \leqslant b$, $0 \leqslant \lambda \leqslant f(s) - p$ den Ungleichungen

$$(7.1) \qquad y^*(s\,\lambda) \leqslant y_0^{(u)}(s,\lambda) \leqslant y_0(s)$$ [1]

und

$$(7.2) \qquad \mathfrak{P}[y_0^{(u)}] \leqslant f(s) - \lambda + \mathfrak{L}[y_0^{(u)}]$$

genügende in s und λ stetige Funktion, so wird durch die Gleichungen

$$(7.3) \qquad \mathfrak{P}[y_{m+1}^{(u)}] = f(s) - \lambda + \mathfrak{L}[y_m^{(u)}] \qquad m = 0, 1, 2 \ldots$$

wie sogleich gezeigt werden soll, eine monoton wachsende Folge positiver in s und λ stetiger Unterfunktionen der in Abschnitt 3 ermittelten Lösung $y(s,\lambda)$ von (3.1) definiert. Dabei bezeichnen wir als positive Unterfunktion von $y(s,\lambda)$ jede die Ungleichung

$$0 < y^{(u)}(s,\lambda) \leqslant y(s,\lambda)$$

befriedigende Funktion $y^{(u)}(s,\lambda)$.

Wegen (7.2) folgt aus (7.3) für $m = 0$

$$\mathfrak{P}[y_1^{(u)}] = f(s) - \lambda + \mathfrak{L}[y_0^{(u)}] \geqslant \mathfrak{P}[y_0^{(u)}] > 0$$

[1] Hier und im folgenden bedeuten $y_0(s)$, $y_1(s,\lambda)$, $y_2(s,\lambda)$, ... die in Abschnitt 3 eingeführten Näherungsfunktionen von $y(s,\lambda)$.

und bei Beachtung von (7.1)

$$\mathfrak{L}[y_0^{(u)}] \leqq \mathfrak{L}[y_0].$$

Demzufolge gilt

$$\mathfrak{P}[y_1^{(u)}] = f(s) - \lambda + \mathfrak{L}[y_0^{(u)}] \leqq f(s) - \lambda + \mathfrak{L}[y_0] = \mathfrak{P}[y_1],$$

mithin

$$y_0^{(u)}(s, \lambda) \leqq y_1^{(u)}(s, \lambda) \leqq y_1(s, \lambda) < y_0(s).$$

Allgemein beweist man durch vollständige Induktion

$$y_0^{(u)}(s, \lambda) \leqq y_m^{(u)}(s, \lambda) \leqq y_{m+1}^{(u)}(s, \lambda) \leqq y_\varkappa(s, \lambda) \tag{7.4}$$

für jedes nicht negativ ganzzahlige Wertepaar $(m, \varkappa)$.

Hieraus erkennt man unmittelbar die Existenz der Grenzfunktion

$$\bar{y}(s, \lambda) = \lim_{m \to \infty} y_m^{(u)}(s, \lambda) \tag{7.5}$$

im Bereich $a \leqq s \leqq b$, $0 \leqq \lambda \leqq f(s) - p$; und zwar gilt dort

$$\bar{y}(s, \lambda) \leqq y(s, \lambda). \tag{7.6}$$

Da die Funktionenfolge $y_m^{(u)}(s, \lambda)$ bei festgehaltenem λ in $a \leqq s \leqq b$ gleichgradig stetig ist, was sich genau so zeigen läßt wie in Abschnitt 2 die gleichgradige Stetigkeit der Funktionenfolge $y_\varkappa(s)$, so gilt (7.5) für jedes feste λ gleichmäßig in $a \leqq s \leqq b$. Daher darf in (7.3) der Grenzübergang $m \to \infty$ gliedweise vollzogen werden und liefert

$$\mathfrak{P}[\bar{y}(s, \lambda)] = f(s) - \lambda + \mathfrak{L}[\bar{y}(s, \lambda)],$$

d. h. auch $\bar{y}(s, \lambda)$ ist eine Lösung von (3.1), die für jedes feste λ in $a \leqq s \leqq b$ stetig ist.

Ferner gibt es zwischen $y_0^{(u)}(s, \lambda)$ und $\bar{y}(s, \lambda)$ keine Lösung der Integralgleichung (3.1), was man ebenso beweist wie in Abschnitt 3 die analoge Eigenschaft von $y(s, \lambda)$. Aus dieser Eigenschaft von $\bar{y}(s, \lambda)$ folgt die interessante Tatsache, daß für $y_0^{(u)}(s, \lambda) = y^*(s, \lambda)$ die Grenzfunktion $\bar{y}(s, \lambda)$ der Ungleichung $\bar{y}(s, \lambda) \leqq \hat{y}(s, \lambda)$ genügt, wo $\hat{y}(s, \lambda)$ irgendeine positive Lösung der Integralgleichung (3.1) ist, denn $y^*(s, \lambda)$ ist für jede positive

Lösung von (3.1) eine positive Unterfunktion. Das Iterationsverfahren liefert also in diesem Falle die kleinste positive Lösung der Integralgleichung (3.1), deren Existenz damit gleichzeitig nachgewiesen ist.

Von den beiden Lösungen $\bar{y}(s,\lambda)$ mit $y^*(s,\lambda)$ als Anfangsfunktion und $y(s,\lambda)$ benötigen wir unten noch folgende Eigenschaften:

1. Bei festem s nehmen $y(s,\lambda)$ und $\bar{y}(s,\lambda)$ mit wachsendem λ monoton ab.
2. Bei festem s ist $y(s,\lambda)$ in λ von links her und $\bar{y}(s,\lambda)$ von rechts her stetig.

Wir beschränken uns darauf, beide Eigenschaften für $\bar{y}(s,\lambda)$ zu beweisen, weil die entsprechenden Beweise für $y(s,\lambda)$ ganz analog verlaufen.

Da die Ausgangsfunktion $y^*(s,\lambda)$ wegen (3.3) und (1.3) in λ monoton fallend ist, folgt aus

$$\mathfrak{P}[y_1^{(u)}] = f(s) - \lambda + \mathfrak{L}[y^*]$$

bei Beachtung von (1.3), daß auch $y_1^{(u)}(s,\lambda)$ bei festgehaltenem s mit wachsendem λ monoton abnimmt. Derselbe Sachverhalt ergibt sich durch vollständige Induktion aus (7.3) für die Näherungsfunktion $y_{m+1}^{(u)}(s,\lambda)$ und überträgt sich durch den Grenzübergang $m \to \infty$ auch auf die Grenzfunktion, womit 1. für $\bar{y}(s,\lambda)$ bewiesen ist.

Zum Beweise von 2. hat man die Beziehung

$$\bar{y}(s,\lambda+0) = \bar{y}(s,\lambda) \tag{7.7}$$

nachzuweisen. Da die Funktion $\bar{y}(s,\lambda)$ nach 1. in bezug auf λ monoton ist, existiert der rechtsseitige Grenzwert $\bar{y}(s,\lambda+0)$ und genügt daher für $h > 0$ der Ungleichung

$$\bar{y}(s,\lambda+h) \leqslant \bar{y}(s,\lambda+0) \leqslant \bar{y}(s,\lambda). \tag{7.8}$$

Angenommen, es wäre $\bar{y}(s,\lambda+0) < \bar{y}(s,\lambda)$, so würde für eine hinreichend kleine positive Zahl p auch die Ungleichung

$$\bar{y}(s,\lambda+0) < \bar{y}(s,\lambda) - p$$

und für einen hinreichend großen Wert von m die Ungleichung

$$\bar{y}(s, \lambda + 0) < y_m^{(u)}(s, \lambda) - p \tag{7.9}$$

bestehen. Diesen Index m denke man sich festgehalten. Da nun die Näherungsfunktion $y_m^{(u)}(s, \lambda)$ in bezug auf λ stetig ist, läßt sich die positive Zahl h so klein wählen, daß

$$y_m^{(u)}(s, \lambda + h) > y_m^{(u)}(s, \lambda) - \frac{p}{2} \tag{7.10}$$

ausfällt. Aus den Ungleichungen (7.9) und (7.10) erhält man schließlich

$$\bar{y}(s, \lambda + 0) < y_m^{(u)}(s, \lambda) - p < y_m^{(u)}(s, \lambda + h) - \frac{p}{2} < y_m^{(u)}(s, \lambda + h) \leqslant \bar{y}(s, \lambda + h),$$

was im Widerspruch zur Abschätzung (7.8) steht, womit (7.7) bewiesen ist.

Wird jetzt speziell vorausgesetzt, daß die Integralgleichung (3.1) für jedes feste λ nur eine in $a \leqslant s \leqslant b$ stetige positive Lösung besitzt, so folgt aus der Eigenschaft 2). unmittelbar, daß diese Lösung $y(s, \lambda) = \bar{y}(s, \lambda)$ auch in bezug auf λ in $0 \leqslant \lambda \leqslant f(s) - p$ stetig ist. Bei VOLTERRAschen Integralgleichungen[1] ist die eindeutige Lösbarkeit stets gesichert, da die Annahme von zwei verschiedenen positiven Lösungen durch sinngemäße Übertragung der Überlegungen von Herrn SCHMEIDLER auf den vorliegenden Fall zu einem Widerspruch führt.

Es liegt auf der Hand, daß man in praxi beide Verfahren (Annäherung von oben und unten) zugleich anwenden wird, um wenigstens im Falle $y(s, \lambda) = \bar{y}(s, \lambda)$ festzustellen, wieweit man nach der Ausführung einiger Iterationen noch von dieser Lösung entfernt ist.

---

[1] Wegen der Bezeichnungsweise vgl. SCHMEIDLER, loc. cit.[2]), wobei man jetzt die $P[y]$, $K[y]$ usw. durch $\mathfrak{P}[y]$, $\mathfrak{K}[y]$ usw. ersetzen darf.

Als Beispiel für die Anwendung beider Iterationsverfahren soll die nichtalgebraische Integralgleichung

$$(7.11)\quad 2e^{y(s)} - 2\int_0^1 e^{-y(t)}\,dt$$
$$\equiv 2e^{y(s)} + 2\int_0^1 \mathrm{Sin}\, y(t)\,dt - 2\int_0^1 \mathfrak{Cof}\, y(t)\,dt = 1$$

untersucht werden. In der Bezeichnungsweise der vorangegangenen Abschnitte ist hier

$$\mathfrak{p}[y] = 2e^y - 2 = 2\sum_{n=1}^{\infty}\frac{y^n}{n!}, \qquad \frac{\partial\mathfrak{p}[y]}{\partial y} = 2e^y = 2\sum_{n=0}^{\infty}\frac{y^n}{n!}$$

$$\mathfrak{M}[y] = 2\int_0^1 \mathrm{Sin}\, t\,dt = 2\sum_{n=1}^{\infty}\frac{1}{(2n-1)!}\int_0^1 y^{2n-1}(t)\,dt$$

$$\mathfrak{L}[y] = 2\int_0^1 \mathfrak{Cof}\, y(t)\,dt - 2 = 2\sum_{n=1}^{\infty}\frac{1}{(2n)!}\int_0^1 y^{2n}(t)\,dt$$

$$f(s) \equiv 1.$$

Die Gleichung (3.1) nimmt für dieses Beispiel die Form

$$(7.12)\quad \begin{aligned} 2e^y - 2 &= 1 - \lambda + 2\int_0^1 \mathfrak{Cof}\, y(t)\,dt - 2 \qquad \text{bzw.}\\ 2e^y &= 1 - \lambda + 2\int_0^1 \mathfrak{Cof}\, y(t)\,dt \end{aligned}$$

an. Als Anfangsfunktion erweisen sich für das Iterationsverfahren von oben her die Funktion $y_0(s) \equiv 1$ und für das Iterationsverfahren von unten her die Funktion $y^*(s,\lambda) = y_0^{(u)}(s,\lambda) = \ln\frac{3-\lambda}{2}$ als geeignet. Der nächste Schritt liefert

$$2\,e^{y_1} = 1 - \lambda + 2\,\mathfrak{Cos}\,1\,,$$

$$y_1 = \ln \frac{1 - \lambda + 2\,\mathfrak{Cos}\,1}{2} = \ln\left[\frac{1-\lambda}{2} + \frac{1}{2}\left(e + \frac{1}{e}\right)\right]$$

$$2\,e^{y_1^{(u)}} = 1 - \lambda + 2\,\mathfrak{Cos}\,\frac{3-\lambda}{2}\,,$$

$$y_1^{(u)} = \ln \frac{1-\lambda + 2\,\mathfrak{Cos}\,\frac{3-\lambda}{2}}{2} = \ln\left[\frac{1-\lambda}{2} + \frac{1}{2}\left(\frac{3-\lambda}{2} + \frac{2}{3-\lambda}\right)\right],$$

d. h.

$$y_1 = \ln\left[\frac{1-\lambda}{2} + \frac{1}{2}\left(R_1 + \frac{1}{R_1}\right)\right] \quad \text{mit } R_1 = e^{y_0} = e$$

$$y_1^{(u)} = \ln\left[\frac{1-\lambda}{2} + \frac{1}{2}\left(r_1 + \frac{1}{r_1}\right)\right] \quad \text{mit } r_1 = e^{y_0^{(u)}} = \frac{3-\lambda}{2}.$$

Allgemein folgen aus den Iterationsgleichungen

$$\begin{aligned} 2\,e^{y_{\varkappa+1}} &= 1 - \lambda + 2\,\mathfrak{Cos}\,e^{y_\varkappa} = 1 - \lambda + e^{y_\varkappa} + \frac{1}{e^{y_\varkappa}} \\ 2\,e^{y_{m+1}^{(u)}} &= 1 - \lambda + 2\,\mathfrak{Cos}\,e^{y_m^{(u)}} = 1 - \lambda + e^{y_m^{(u)}} + \frac{1}{e^{y_m^{(u)}}} \end{aligned} \tag{7.13}$$

die Näherungsfunktionen

$$y_{\varkappa+1} = \ln\left[\frac{1-\lambda}{2} + \frac{1}{2}\left(R_{\varkappa+1} + \frac{1}{R_{\varkappa+1}}\right)\right],$$

$$y_{m+1}^{(u)} = \ln\left[\frac{1-\lambda}{2} + \frac{1}{2}\left(r_{m+1} + \frac{1}{r_{m+1}}\right)\right] \quad \text{mit} \quad \begin{aligned} R_{\varkappa+1} &= e^{y_\varkappa} \\ r_{m+1} &= e^{y_m^{(u)}} \end{aligned}.$$

Ferner liefern diese Iterationsgleichungen (7.13) folgende Rekursionsformeln für die $R_\varkappa$ und r_m

$$R_{\varkappa+1} = \frac{1-\lambda}{2} + \frac{1}{2}\left(R_\varkappa + \frac{1}{R_\varkappa}\right)$$

$$\text{und} \quad r_{m+1} = \frac{1-\lambda}{2} + \frac{1}{2}\left(r_m + \frac{1}{r_m}\right).$$

Da auf Grund der allgemeinen Überlegungen beide Iterationsverfahren konvergieren, liefern die Grenzübergänge $\varkappa \to \infty$ und $m \to \infty$, wenn noch $\lim R_\varkappa = R$ und $\lim r_m = r$ gesetzt wird, für R und r die Gleichungen

$$R = \frac{1-\lambda}{2} + \frac{1}{2}\left(R + \frac{1}{R}\right) \quad \text{und} \quad r = \frac{1-\lambda}{2} + \frac{1}{2}\left(r + \frac{1}{r}\right).$$

Daraus erhält man, wenn man noch berücksichtigt, daß R und r positiv sein müssen:

$$R = r = \frac{1-\lambda}{2} + \sqrt{\frac{(1-\lambda)^2}{4} + 1},$$

mithin ist

$$\lim_{m\to\infty} y_m^{(u)}(s,\lambda) = \bar{y}(s,\lambda) = y(s,\lambda) = \lim_{\varkappa\to\infty} y_\varkappa(s,\lambda)$$
$$= \ln\left[\frac{1-\lambda}{2} + \sqrt{\frac{(1-\lambda)^2}{4} + 1}\right] = \mathfrak{Ar}\,\mathfrak{Sin}\,\frac{1-\lambda}{2}$$

eine stetige Funktion von λ, die die Integralgleichung (7.12) löst. Die Stetigkeit in bezug auf λ folgt hier übrigens auch aus $y(s,\lambda) = \bar{y}(s,\lambda)$.

Die Funktion $\mathfrak{M}[y(s,\lambda)]$ nimmt jetzt die Form

$$\mathfrak{M}[y(s,\lambda)] = 1 - \lambda$$

an, und die Bedingung (3.4) läßt sich z. B. für $\lambda = \frac{2}{3}$ erfüllen. Die Gleichung

$$\mathfrak{M}[y(s,\lambda_0)] \equiv 1 - \lambda_0 = \lambda_0$$

ist daher auflösbar und liefert den Parameterwert $\lambda_0 = \frac{1}{2}$. Somit erhält man in

$$y = \mathfrak{Ar}\,\mathfrak{Sin}\,\frac{1}{4}$$

eine positive Lösung von (7.11), die, wie man leicht durch Differentiation von (7.11) nach s und Auflösung von (7.11) nach y bestätigt, die einzige Lösung von (7.11) ist, denn nach der Ausführung der Differentiation erkennt man aus der entstehenden Gleichung, daß jede Lösung von (7.11) von s unabhängig sein muß, wodurch die unmittelbare Auflösung von (7.11) nach y ermöglicht wird.

8. *Verschärfung des Stetigkeitskriteriums von Abschnitt 5*

Eine Verschärfung des Kriteriums von Abschnitt 5 wird dann gelingen, wenn man an Stelle der zur Bestimmung von $\varrho_\varkappa$ dienenden Funktion $y^*(s,\lambda)$ eine positive Unterfunktion $y^{(u)}(s,\lambda)$ von $y(s,\lambda)$ gewinnen kann, mit deren Hilfe eine günstigere Abschätzung von $\frac{\partial \mathfrak{p}}{\partial y}$ nach unten ermöglicht wird. Setzt man

$$\omega^{(u)} = \text{fin inf } y^{(u)}(s,\lambda) \qquad \text{in } a \leqslant s \leqslant b, \quad 0 \leqslant \lambda \leqslant f(s) - p$$

$$\varrho_\varkappa^{(u)} = \text{fin inf } \frac{\partial \mathfrak{p}[y]}{\partial y} \qquad \text{in } \omega^{(u)} \leqslant y \leqslant \Omega_\varkappa$$

und wie in Abschnitt 5

$$\omega^* = \text{Min } y^*(s,\lambda) \qquad \Omega_\varkappa = \text{Max } y_\varkappa(s,\lambda)$$

in $a \leqslant s \leqslant b$, $0 \leqslant \lambda \leqslant f(s) - p$, so wird in vielen Fällen $\varrho_\varkappa^{(u)} > \varrho_\varkappa$ ausfallen, wenn nur

$$\omega^{(u)} > \omega^* \tag{8.1}$$

und dadurch das Intervall $\omega^{(u)} \leqslant y \leqslant \Omega_\varkappa$ kleiner als das entsprechende Intervall in Abschnitt 5 ausfällt. Als Funktion, aus der man (8.1) gewinnen kann, ist aber jede Funktion geeignet, die den beiden Ungleichungen

$$y^*(s,\lambda) \leqslant y^{(u)}(s,\lambda) \leqslant y_0(s) \qquad \text{in } a \leqslant s \leqslant b,\ 0 \leqslant \lambda \leqslant f(s) - p \tag{8.2}$$

$$\mathfrak{p}[y^{(u)}] \leqslant f(s) - \lambda + \mathfrak{L}[y^{(u)}] \qquad \text{in } a \leqslant s \leqslant b,\ 0 \leqslant \lambda \leqslant f(s) - p \tag{8.3}$$

genügt; denn wegen $y^{(u)}(s,\lambda) \leqslant y_0(s)$ erhält man aus (8.3) und (1.4)

$$\mathfrak{p}[y^{(u)}] \leqslant f(s) - \lambda + \mathfrak{L}[y^{(u)}] \leqslant f(s) - \lambda + \mathfrak{L}[y_0] = \mathfrak{p}[y_1],$$

mithin

$$y^{(u)}(s,\lambda) \leqslant y_1(s,\lambda).$$

Allgemein ergibt sich durch vollständige Induktion aus den Iterationsgleichungen (3.2)

$$y^{(u)}(s,\lambda) \leqq y_\varkappa(s,\lambda)$$

und durch den Grenzübergang $\varkappa \to \infty$, wenn man noch (8.2) berücksichtigt,

$$y^*(s,\lambda) \leqq y^{(u)}(s,\lambda) \leqq y(s,\lambda) \quad \text{in } a \leqq s \leqq b,\ 0 \leqq \lambda \leqq f(s) - p.$$

Daher kann das Kriterium von Abschnitt 5 verschärft werden, indem man an Stelle von (5.5) die Ungleichung

$$\frac{F'(\Omega_k)}{\varrho_k^{(u)}} < 1 \tag{8.4}$$

für einen Indexwert k fordert, denn es darf in allen folgenden Gleichungen und Ungleichungen von Abschnitt 5 die Größe $\varrho_\varkappa$ durch $\varrho_\varkappa^{(u)}$ ersetzt werden.

Auf die bereits früher behandelte Integralgleichung (4.1) soll nunmehr das verschärfte Kriterium angewandt werden, um das in Abschnitt 6 gewonnene Stetigkeitsintervall $0 \leqq \lambda < \frac{67}{27}$ der Lösung $y(s,\lambda)$ zu vergrößern. Mit Hilfe des Iterationsverfahrens von unten her erhält man eine weitere geeignete Unterfunktion aus der Gleichung

$$(y_1^{(u)})^3 - 4(y_1^{(u)})^2 + 6y_1^{(u)} = 6 - \lambda + y^*, \tag{8.5}$$

wobei y^* durch die Beziehung

$$y^{*3} - 4y^{*2} + 6y^* = 6 - \lambda \tag{8.6}$$

bestimmt ist. Die Rechnung ergibt dann, daß im Intervall $0 \leqq \lambda \leqq 3{,}268$ sicher die Ungleichung

$$y_1^{(u)} > \frac{5}{3}$$

besteht, womit dieses λ-Intervall sich gemäß (6.1) als Stetigkeitsintervall der Lösung $y(s,\lambda)$ erweist, die früher aus der Anfangsfunktion $y_0(s) = 4$ mit dem Iterationsverfahren von oben her gefunden wurde. Bestimmt man nun mit dem Iterationsverfahren von Abschnitt 7 noch weitere Unterfunktionen $y_2^{(u)}, y_3^{(u)} \ldots$, so kann man das λ-Intervall, für das die Stetigkeit auf Grund des verschärften Kriteriums gewährleistet ist, noch schrittweise vergrößern. Nimmt man z. B. zur Gleichung (8.5) die weitere Gleichung

$$(y_2^{(u)})^3 - 4(y_2^{(u)})^2 + 6y_2^{(u)} = 6 - \lambda + y_1^{(u)} \tag{8.7}$$

hinzu und fordert $y_2^{(u)} = \frac{5}{3}$, so ergibt sich zunächst

$$\frac{67}{27} = \lambda - y_1^{(u)}. \tag{8.8}$$

Führt man jetzt in (8.5), (8.6) und (8.8) die Substitutionen

$$y^* = \eta + 1, \quad y_1^{(u)} = \zeta + 1, \quad \lambda = l + 1 + \frac{67}{27}$$

ein, so erhält man nach Elimination von ζ die beiden Gleichungen

$$\eta = l^3 - l^2 + 2l - 1 + \frac{13}{27} \tag{8.9}$$

$$l = -\eta^3 + \eta^2 - \eta - \frac{13}{27}, \tag{8.10}$$

aus denen sich l und η auf genau eine Weise bestimmen lassen, was man folgendermaßen zeigen kann:

Die Funktion

$$f(l) = -\eta^3 + \eta^2 - \eta - l - \frac{13}{27},$$

wobei sich η aus (8.9) bestimmt, ist ein Polynom 9. Grades in l und hat demzufolge mindestens eine reelle Nullstelle l_0. Wegen

$$\frac{df(l)}{dl} = (-3\eta^2 + 2\eta - 1)\frac{d\eta}{dl} - 1$$
$$= -(3\eta^2 - 2\eta + 1)(3l^2 - 2l + 2) - 1 < 0 \quad \text{für alle } \eta \text{ und } l$$

hat $f(l)$ höchstens eine reelle Nullstelle. Weil sich η durch (8.9) eindeutig bestimmt, ist damit die Behauptung bewiesen.

Für $\lambda = l_0 + 1 + \frac{67}{27}$ ist offenbar die Gleichung (8.8) erfüllt. Da $y_2^{(u)}$ eine in λ monoton fallende Funktion ist, gilt gewiß im Intervall $0 \leqslant \lambda < l_0 + 1 + \frac{67}{27}$ die Ungleichung

$$y_2^{(u)} > \frac{5}{3}.$$

Die Berechnung von l_0 ergibt

$$0{,}0767 < l_0 < 0{,}0768,$$

wodurch mit dem zweiten Schritt das Stetigkeitsintervall auf

$$0 \leqslant \lambda \leqslant 3{,}558$$

vergrößert worden ist.

Allerdings ist es mit der zugrunde gelegten Anfangsfunktion $y^*(s,\lambda)$ nicht möglich, über den Punkt $\lambda = 4$ hinauszukommen. Alle $y_m^{(u)}(s,\lambda)$ bleiben nämlich für $\lambda \geqslant 4$ unterhalb von 1, weil die Grenzfunktion $\bar{y}(s,\lambda)$ als kleinste Lösung von (4.1) für $\lambda \geqslant 4$ nicht größer als 1 ist (s. Fig. 1).

Es läßt sich aber für das Intervall $0 \leqslant \lambda \leqslant 4\frac{4}{27}$ eine noch günstigere Unterfunktion an Stelle von y^*, nämlich $y_0^{(u)} = \frac{5}{3}$, angeben. Bildet man mit dieser Unterfunktion nach dem im Abschnitt 7 beschriebenen Iterationsverfahren weitere Unterfunktionen, so fallen diese in dem Intervall $0 \leqslant \lambda < 4\frac{4}{27}$ größer als $\frac{5}{3}$ aus, woraus sich gemäß (6.1) die Stetigkeit von $y(s,\lambda)$ in $0 \leqslant \lambda < 4\frac{4}{27}$ ergibt. Im Punkte $\lambda = 4\frac{4}{27}$ ist $y(s,\lambda)$ nach Abschnitt 7 wegen Eigenschaft 2) noch linksseitig stetig.

9. Bemerkungen zu einem allgemeineren Typus nichtlinearer Integralgleichungen

Es liegt nahe, die Untersuchungen auf einen allgemeineren Typus nichtlinearer Integralgleichungen zu erweitern, der einerseits die Integralgleichungen der Form

$$\mathfrak{P}[y] + \mathfrak{K}[y] = f(s),$$

andererseits die allgemeinste algebraische Integralgleichung vom SCHMEIDLERschen Typus[1] als Spezialfall enthält. Zu diesem Zwecke wird die Definition der Integralpotenzreihe (1.1) von $\mathfrak{K}[y]$ durch die allgemein übliche Definition[2]

$$\tilde{\mathfrak{K}}[y] \equiv \sum_{n=1}^{\infty} \sum_{a+a_1+\cdots+a_n=n} \int_a^b \cdots \int_a^b K_{a a_1 \ldots a_n}(s; t_1, \ldots, t_n) \, y^a(s) y^{a_1}(t_1) \ldots y^{a_n}(t_n) \, dt_1 \ldots dt_n$$

ersetzt, wobei die Summe über alle nichtnegativen $a, a_1, \ldots, a_n$ mit $a + a_1 + \ldots + a_n = n$ zu erstrecken ist und die $K_{a a_1 \ldots a_n}(s; t_1, \ldots, t_n)$ stetige Funktionen ihrer sämtlichen Variablen in dem $n+1$-dimensionalen Würfel: $a \leqslant s \leqslant b$, $a \leqslant t_1 \leqslant b, \ldots$, $a \leqslant t_n \leqslant b$ sind. Diese Integralpotenzreihe möge für $|y| \leqslant d$ im Sinne von Abschnitt 1 regulär konvergieren. Die verallgemeinerte Integralgleichung lautet jetzt

$$\mathfrak{P}[y] + \tilde{\mathfrak{K}}[y] = f(s)\,\text{[3]}. \tag{9.1}$$

Es wird nun genau wie in Abschnitt 1 eine Zerlegung von $\tilde{\mathfrak{K}}$ in der Form

$$\tilde{\mathfrak{K}}[y] \equiv \tilde{\mathfrak{M}}[y] - \tilde{\mathfrak{L}}[y]$$

vorgenommen, wobei die Integralpotenzreihen $\tilde{\mathfrak{M}}[y]$ und $\tilde{\mathfrak{L}}[y]$ ganz entsprechend wie dort erklärt werden. Brechen die Reihen für $\mathfrak{P}$, $\tilde{\mathfrak{M}}$ und $\tilde{\mathfrak{L}}$ ab, so erhält man die allgemeine Form der algebraischen Integralgleichung vom SCHMEIDLERschen Typus[1]. Ist $a = 0$, so erhält man die in den vorangegangenen Abschnitten behandelte Integralgleichung.

Zunächst fragen wir nach Lösungen von (9.1), die in $a \leqslant s \leqslant b$ positiv sind, beschränken uns hier jedoch auf den Fall $\tilde{\mathfrak{M}} \equiv 0$, d. h. auf den Fall nicht positiver Kerne $K_{a a_1 \ldots a_n}(s; t_1, \ldots, t_n)$, in dem (9.1) die Form

$$\mathfrak{P}[y] = f(s) + \tilde{\mathfrak{L}}[y] \qquad \tilde{\mathfrak{L}}[y] \not\equiv 0 \tag{9.2}$$

[1] Siehe Fußnote 2 auf S. 3.

[2] Vgl. ERH. SCHMIDT, Math. Ann. **65**, 370—399 (1908), sowie L. LICHTENSTEIN, loc. cit.

[3] Über die Bedeutung von $\mathfrak{P}[y]$ und $f(s)$ vgl. Abschnitt 1.

annimmt. Wie in Abschnitt 2 wird unter der Voraussetzung, daß es eine Funktion $y_0(s)$ mit

$$0 < y_0(s) \leqslant d \qquad \text{in } a \leqslant s \leqslant b$$

gibt, für die dort die Ungleichung

$$\mathfrak{P}[y_0] > f(s) + \tilde{\mathfrak{L}}[y_0]$$

besteht, durch die Gleichungen

$$\mathfrak{P}[y_{\varkappa+1}] = f(s) + \tilde{\mathfrak{L}}[y_\varkappa] \qquad \varkappa = 0, 1, 2, \ldots$$

ein Iterationsverfahren erklärt. Ist $y^*(s)$ die eindeutig bestimmte positive Lösung von

$$\mathfrak{P}[y^*] = f(s),$$

so gilt

$$0 < y^* < y_{\varkappa+1} < y_\varkappa < \ldots < y_0 \qquad \text{in } a \leqslant s \leqslant b.$$

Daher konvergieren die $y_\varkappa$ im ganzen Intervall gegen eine positive Grenzfunktion $y(s)$. Während sich nun im Falle $\alpha = 0$, d. h. für die Integralgleichung (2.1) die Stetigkeit der Grenzfunktion aus der gleichgradigen Stetigkeit der $y_\varkappa(s)$ beweisen ließ, braucht bei der Integralgleichung (9.2) die Grenzfunktion $y(s)$ nicht mehr stetig zu sein, wie das folgende Beispiel zeigt[1].

Von der algebraischen Integralgleichung

$$(9.3) \qquad y^3(s) - 7y^2(s) + 17y(s) = 16 - s + \frac{3}{52}\int_0^6 y(s)y(t)\,dt$$

werde eine in $0 \leqslant s \leqslant 6$ positive Lösung gesucht. Offenbar ist

$$\frac{\partial \mathfrak{P}[y]}{\partial y} = 3y^2 - 14y + 17 > 0$$

für jeden Wert von y, da die Diskriminante negativ ist.

Durch die Gleichung

$$-\hat{y}^3 + 7\hat{y}^2 - 16\hat{y} + 16 = s$$

[1] Damit wird zugleich eine diesbezügliche Behauptung von Herrn SCHMEIDLER auf S. 33 seiner Arbeit „Algebr. Integralgleich." widerlegt.

wird unter den Nebenbedingungen

$$4 \geqq \hat{y} \geqq \frac{8}{3} \quad \text{in } 0 \leqq s \leqq 4\frac{4}{27} \quad \text{und} \quad \frac{5}{3} > \hat{y} \geqq 1 \quad \text{in } 4\frac{4}{27} > s \geqq 6$$

eine positive unstetige Funktion mit einer Sprungstelle bei $s_0 = 4\frac{4}{27}$ definiert, die wegen

$$\int_0^6 \hat{y}(t)\,dt = \frac{52}{3}$$

zugleich die Integralgleichung (9.3) befriedigt.

Beginnt man jetzt das Iterationsverfahren mit der Funktion $y_0 \equiv 5$, die wegen

$$\mathfrak{P}[y_0] = 35 > f(s) + \tilde{\mathfrak{L}}[y_0] = 16 - s + \frac{450}{52} \qquad \text{in } 0 \leqq s \leqq 6$$

als Anfangsfunktion geeignet ist, so folgt aus der ersten Iterationsgleichung

$$\mathfrak{P}[y_1] = 16 - s + \frac{225}{26},$$

daß $y_1(s)$ in s monoton fallend ist. Durch vollständige Induktion folgt dann, daß alle Näherungsfunktionen $y_\varkappa(s)$ mit wachsendem s monoton abnehmen und durch den Grenzübergang $\varkappa \to \infty$ ergibt sich die Monotonie der Grenzfunktion, die daher im RIEMANNschen Sinne integrierbar ist. Wegen der Monotonie der Näherungsfunktionen bilden diese eine gleichgradig integrierbare Folge, und es gilt[1]

$$\lim_{\varkappa\to\infty} \int_0^6 y_\varkappa(t)\,dt = \int_0^6 \lim_{\varkappa\to\infty} y_\varkappa(t)\,dt = \int_0^6 y(t)\,dt = Q.$$

Somit ist $y(s) = \lim_{\varkappa\to\infty} y_\varkappa(s)$ eine Lösung der Integralgleichung (9.3), die überdies der Ungleichung

$$\hat{y}(s) \leqq y(s) < 5 \qquad \text{in } 0 \leqq s \leqq 6 \tag{9.4}$$

[1] Vgl. deswegen M. MÜLLER, Folgen gleichgradig integrierbarer Funktionen und die Vertauschbarkeit von Grenzübergang und Integration. Math. Zeitschr. **51**, 294—305 (1948/49).

genügt, weil es zwischen $y_0(s) = 5$ und $y(s)$ keine Lösung der Integralgleichung (9.3) geben kann, was sich genau so wie die entsprechende Eigenschaft von $y(s, \lambda)$ in Abschnitt 3 zeigen läßt. Als Lösung von (9.3) muß jetzt $y(s)$ der Gleichung

$$y^3(s) - 7y^2(s) + 17y(s) = 16 - s + Qy(s)$$

genügen, wobei für Q wegen (9.4) die Ungleichung

$$1 \leqslant Q < 2$$

besteht. Daher hat die durch die Gleichung

$$-y^3 + 7y^2 - (17 - Q)y + 16 = s \tag{9.5}$$

definierte Kurve einen Verlauf, wie er in Fig. 2 schematisch gezeichnet ist, d. h. für ein gewisses inneres Teilintervall von $0 \leqslant s \leqslant 6$ hat die Gleichung (9.5) drei verschiedene reelle Lösungen. Da die Funktion $y(s)$ eine eindeutig monoton fallende Funktion von s ist und ihr geometrisches Bild nur aus Punkten der durch (9.5) festgelegten Kurve bestehen kann, muß $y(s)$ an wenigstens einer Stelle des Intervalls $0 \leqslant s \leqslant 6$ unstetig sein.

Jetzt soll noch gezeigt werden, daß es überhaupt keine in $0 \leqslant s \leqslant 6$ positive und stetige Lösung der Integralgleichung (9.3) geben kann.

Zunächst ist klar, daß jede eventuell vorhandene stetige Lösung $y(s)$ von (9.3) im ganzen Intervall $0 \leqslant s \leqslant 6$ kleiner als 5 sein muß. Wäre das nämlich nicht der Fall, so gilt, wenn M das Maximum von $y(s)$ in $0 \leqslant s \leqslant 6$ bedeutet, wegen $M \geqslant 5$

$$M^3 - 7M^2 + 17M > 16 + \frac{3}{52} \cdot 6M^2 \geqslant 16 - s + \frac{3}{52} M \cdot \int_0^6 y(t)\,dt. \tag{9.6}$$

Die Ungleichung (9.6) steht aber im Widerspruch zur Annahme, daß $y(s)$ Lösung von (9.3) ist.

Aus $y(s) < 5$ in $0 \leqslant s \leqslant 6$ folgt aber unmittelbar

$$Q = \frac{3}{52} \int_0^6 y(t)\,dt < 2. \tag{9.7}$$

Weiter gilt, wie sogleich bewiesen wird, für jede positive Lösung von (9.3)

$$\varrho > \frac{2}{3}. \tag{9.8}$$

Die durch die Gleichung

$$y^{*3} - 7y^{*2} + 17y^* = 16 - s \tag{9.9}$$

definierte positive Funktion $y^*(s)$ ist eine positive Unterfunktion jeder positiven Lösung der Integralgleichung (9.3), wie man aus (9.3) und (9.9) unmittelbar erkennt. Das gleiche gilt für die aus der Gleichung

$$(y_1^{(u)})^3 - 7(y_1^{(u)})^2 + 17y_1^{(u)} = 16 - s + \frac{3}{52}\, y^*(s) \int_0^6 y^*(t)\,dt \tag{9.10}$$

gewonnene Funktion $y_1^{(u)}$. Um (9.8) zu beweisen, genügt es daher, zu zeigen, daß die Ungleichung

$$\frac{3}{52}\int_0^6 y_1^{(u)}(t)\,dt > \frac{2}{3} \tag{9.11}$$

besteht. Aus (9.9) und (9.10) gewinnt man mit Hilfe des ersten Mittelwertsatzes der Differentialrechnung

$$y_1^{(u)}(s) - y^*(s) = \frac{\frac{3}{52}\, y^*(s) \int\limits_0^6 y^*(t)\,dt}{3\eta^2 - 14\eta + 17},$$

wobei $\eta(s)$ eine Zwischenfunktion zwischen $y_1^{(u)}(s)$ und $y^*(s)$ ist. Bei Beachtung des Monotonieverhaltens von $y_1^{(u)}(s)$ und $y^*(s)$ sowie der Ungleichung $y_1^{(u)}(s) > y^*(s)$, die sich durch Vergleich von (9.9) und (9.10) für alle s aus $0 \leqslant s \leqslant 6$ ergibt, erhält man durch Auflösung von (9.9) an der Stelle $s = 6$ und von (9.10) an der Stelle $s = 0$ für η die Abschätzung

$$0{,}84 < \eta(s) < 3{,}8 \qquad \text{in} \quad 0 \leqslant s \leqslant 6,$$

woraus die Ungleichung

$$3\eta^2 - 14\eta + 17 < 7{,}4$$

und somit

$$y_1^{(u)}(s) - y^*(s) > \frac{\frac{3}{52}\, y^*(s) \int\limits_0^6 y^*(t)\,dt}{7{,}4}$$

folgt. Daher gilt

$$(9.12)\quad \begin{aligned} \frac{3}{52}\int\limits_0^6 y_1^{(u)}(t)\,dt &= \frac{3}{52}\int\limits_0^6 y^*(t)\,dt + \frac{3}{52}\int\limits_0^6 [y_1^{(u)}(t) - y^*(t)]\,dt \\ &> \frac{3}{52}\int\limits_0^6 y^*(t)\,dt + \frac{1}{7{,}4}\left(\frac{3}{52}\right)^2 \cdot \left[\int\limits_0^6 y^*(t)\,dt\right]^2. \end{aligned}$$

Das Integral

$$\int\limits_0^6 y^*(t)\,dt$$

kann man (als Flächeninhalt unter der Kurve $y^*(s)$ zwischen $s = 0$ und $s = 6$ aufgefaßt) durch Integration von (9.9) nach y gewinnen. Man erhält

$$\frac{3}{52}\int\limits_0^6 y^*(t)\,dt > 0{,}618,$$

mithin wegen (9.12)

$$\frac{3}{52}\int\limits_0^6 y_1^{(u)}(t)\,dt > 0{,}669 > \frac{2}{3}.$$

Damit ist (9.8) bewiesen. Hat man jetzt eine positive Lösung $y(s)$ der Integralgleichung (9.3), so muß diese der algebraischen Gleichung

$$(9.13)\qquad y^3(s) - 7y^2(s) + (17 - Q)\,y(s) = 16 - s$$

genügen. Man weist nun leicht nach, daß die Gleichung (9.13) wegen $2 > Q > \frac{2}{3}$ in einem gewissen echten Teilintervall von

$0 \leqslant s \leqslant 6$ drei verschiedene positive Lösungen hat. In Fig. 2 ist der Verlauf einer durch (9.13) erklärten Kurve schematisch gezeichnet. Man sieht, daß jede eindeutige Funktion $y(s)$, die sich nur aus Punkten dieser Kurve zusammensetzt, in $0 \leqslant s \leqslant 6$ notwendig mindestens eine Unstetigkeitsstelle haben muß. Damit ist gezeigt, daß es keine positive stetige Lösung der Integralgleichung (9.3) gibt.

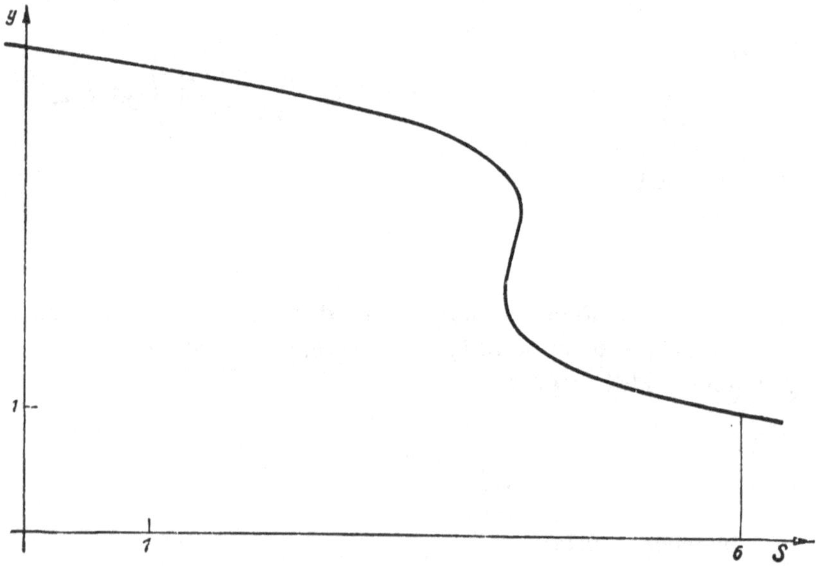

Fig. 2

Um nun die Existenz einer positiven stetigen Lösung der Integralgleichung (9.2) zu sichern, muß für die Koeffizienten und Kerne dieser Integralgleichung noch eine zusätzliche Voraussetzung eingeführt werden. Setzt man

$$\tilde{B}_n = \sum_{a+a_1+\dots+a_n=n} \int\limits_a^b \dots \int\limits_a^b \operatorname*{Max}_{a \leqslant s \leqslant b} |L_{a a_1 \dots a_n}(s; t_1, \dots, t_n)| \, dt_1 \dots dt_n,$$

wobei die $L_{a a_1 \dots a_n}(s; t_1, \dots, t_n)$ analog wie in Abschnitt 1 definierte nichtnegative Funktionen sind. Präzisiert man die Forderung der regulären Konvergenz wie in Abschnitt 1 dahingehend, daß

$$\sum_{n=1}^{\infty} \tilde{B}_n d^n$$

für einen Wert $d > 0$ konvergieren soll, so konvergiert auch

$$\tilde{\mathfrak{L}}_y[\eta, y] = \sum_{n=1}^{\infty} \sum_{\alpha+\alpha_1+\dots+\alpha_n=n} \int_a^b \dots \int_a^b L_{\alpha\alpha_1\dots\alpha_n} \alpha\eta^{\alpha-1}(s) y^{\alpha_1}(t_1) \dots \dots y^{\alpha_n}(t_n) dt_1 \dots dt_n$$

regulär für $|\eta| \leqslant d$ und $|y| \leqslant d$. In diesem Bereich gilt offenbar

$$\tilde{\mathfrak{L}}_y[\eta, y] \leqslant \sum_{n=1}^{\infty} n \cdot \tilde{B}_n \cdot d^{n-1}.$$

Führt man jetzt ähnlich wie in Abschnitt 5 die Größen $\Omega_\varkappa$ und $\varrho_\varkappa$ durch die Gleichungen

$$\Omega_\varkappa = \operatorname*{Max}_{a \leqslant s \leqslant b} y_\varkappa(s) \qquad \text{in } a \leqslant s \leqslant b,$$

$$\varrho_\varkappa = \text{fin inf} \frac{\partial \mathfrak{p}[y]}{\partial y} \qquad \text{in } \omega^* \leqslant y \leqslant \Omega_\varkappa$$

ein, wobei $\omega^* = \operatorname{Min} y^*(s)$ in $a \leqslant s \leqslant b$ bedeutet, so ist die durch das Iterationsverfahren gewonnene Lösung $y(s)$ der Integralgleichung (9.2) sicher dann in $a \leqslant s \leqslant b$ stetig, wenn für einen Indexwert k die Ungleichung

$$\frac{\tilde{\mathfrak{L}}_y[\Omega_k, \Omega_k]}{\varrho_k} < 1 \tag{9.14}$$

besteht. Wenn diese Bedingung erfüllt ist, kann man nämlich zeigen, daß die Funktionenfolge $y_\varkappa(s)$ in $a \leqslant s \leqslant b$ gleichgradig stetig ist, woraus sich die Stetigkeit der Grenzfunktion $y(s)$ ergibt. Die gleichgradige Stetigkeit der $y_\varkappa(s)$ ergibt sich ähnlich wie in Abschnitt 5 die gleichgradige Stetigkeit der $y_\varkappa(s, \lambda)$ in bezug auf λ im Intervall $0 \leqslant \lambda \leqslant f(s) - p$. Weiter läßt sich die Bedingung (9.14) noch verschärfen, indem man wie in Abschnitt 8 an Stelle der $\varrho_\varkappa$ die Größen $\varrho_\varkappa^{(u)}$ einführt und dabei beachtet, daß jetzt bei der Definition der $\varrho_{\varkappa}^{(u)}$ die dort vorkommenden Maxima, Minima und unteren Grenzen nur in bezug auf das Intervall $a \leqq s \leqq b$ zu nehmen sind, da die hier betrachteten Funktionen $y_{\varkappa}(s)$ den Parameter λ gar nicht enthalten. Zum Schluß sei noch bemerkt, daß sich auch das Iterationsverfahren von unten her (vgl. Abschn. 7) auf Integralgleichungen vom Typus (9.2) übertragen läßt und unter einer entsprechenden Voraussetzung wie (9.14) die kleinste positive stetige Lösung von (9.2) liefert, deren Existenz damit gleichzeitig bewiesen wird. Im Falle eindeutiger Lösbarkeit von (9.2) ist wieder eine Eingabelung der Lösung möglich, die eine Abschätzung für die Differenz zwischen der Näherungsfunktion und der gesuchten Lösung gestattet.

BERICHTE ÜBER DIE VERHANDLUNGEN DER SÄCHSISCHEN AKADEMIE DER WISSENSCHAFTEN ZU LEIPZIG

MATHEMATISCH-NATURWISSENSCHAFTLICHE KLASSE

Band 97

Heft 1 *Strack, E.*: Beobachtungen über den endogenen Anteil des Kot-Stickstoffs.
24 Seiten — 1949 — vergr.

Heft 2 *Hölder, E.*: Über die Variationsprinzipe der Mechanik der Kontinua.
13 Seiten — 1950 — vergr.

Heft 3 *Gerstner, H.* / *Baark, H.* / *Graul, H.*: Der Wechselstromwiderstand der Froschhaut.
25 Seiten — 1950 — DM 2,75

Heft 4 *Beckert, H.*: Existenz- und Eindeutigkeitsbeweise für das Differenzenverfahren zur Lösung des Anfangswertproblems, des gemischten Anfangs-Randwert- und des charakteristischen Problems einer hyperbolischen Differentialgleichung zweiter Ordnung mit zwei unabhängigen Variablen.
42 Seiten — 1950 — DM 9,—

Heft 5 *Beckert, H.*: Über quasilineare hyperbolische Systeme partieller Differentialgleichungen erster Ordnung mit zwei unabhängigen Variablen. Das Anfangswertproblem, die gemischte Anfangs-Randwertaufgabe, das charakteristische Problem.
68 Seiten — 1950 — vergr.

Heft 6 *Heidebroek, E.*: Das Verhalten von zähen Flüssigkeiten, insbesondere Schmierflüssigkeiten, in engen Spalten.
40 Seiten — 24 Abbildungen — 1952 — DM 5,80

Heft 7 *Schubert, H.*: Über eine lineare Integrodifferentialgleichung mit Zusatzkern.
52 Seiten — 1950 — DM 9,25

Heft 8 *Krupp, H.*: Bestimmung der allgemeinen Lösung der Schrödinger Gleichung für Coulomb-Potential.
28 Seiten — 1950 — DM 5,50

Bestellungen an eine Buchhandlung erbeten

AKADEMIE-VERLAG · BERLIN

FSC
www.fsc.org
MIX
Papier | Fördert gute Waldnutzung
FSC® C083411

Zeitfracht Medien GmbH
Ferdinand-Jühlke-Straße 7
99095 Erfurt, Deutschland
produktsicherheit@kolibri360.de